ゼロから学ぶ
動画デザイン・編集
実践講座

阿部信行 著

プロット、絵コンテの作り方から
Adobe Premiere Proによる
動画編集の基礎までを一冊で習得

Rutles

本書のサンプルデータは以下よりダウンロードできます。
https://rutles.co.jp/download/499/index.html

はじめに

　ものを新しく作るときには、必ずデザインが必要になります。たとえば、書籍や雑誌ならグラフィックデザイン、洋服ならファッションデザイン、日常の身の回りのものならプロダクトデザイン等々です。要するに、何か形あるものを創造するときには、必ずデザインが必要になるのです。

　では、動画はどうでしょう。たとえば「ムービーデザイナー」とか、「動画をデザインする」といった言葉を聞いたことがありますか？　ほとんど耳にしませんね。なぜなのでしょう。動画制作にはデザインは不要なのでしょうか。

　そんなことはありません。動画制作でもデザインは必要なのです。ただ、何をどうデザインしたらよいのかがわからないのです。わからないのに、なんとなく動画を作っているというケースがほとんどです。ですから、「良い動画」が作れないのです。

　そこで、本書では、

良い動画を作るためには、何をどのようにデザインすればよいのか

をまとめてみました。

　本書の内容は、実はぼくが東京小伝馬町にある「JaGra プロフェッショナル DTP&Web スクール」で担当している『ゼロから学ぶ映像制作実習講座』の講座内容を書籍化したものです。

　受講されるほとんどの方は、動画編集がまったく初めてで、何をしてよいのかわからない状態で参加されます。でも、一日間の講座修了時には、きちんと 1 本の動画を仕上げられるだけのスキルを身に付けています。

　本書も、前半では動画デザインの基礎を、後半では動画編集ソフト「Adobe Premiere Pro」の本当に基本的な操作方法について解説しています。これによって、講座のエッセンスを、本書にまとめることができました。講座には参加できないが、自分で動画を制作してみたい方は、ぜひ本書をご利用ください。

2023 年 10 月

阿部信行

目　次

■講座のご案内

JaGra プロフェッショナル DTP&Web スクール

『ゼロから学ぶ映像制作実習講座 』

　本講座は、動画制作や動画編集はまったく初めてという方を対象にした一日間の講座です。

　講座では、ある問題を「お題」として設定し、その問題を解決するための動画を制作することで、動画制作の流れを実習・体験してもらいます。この流れの中で問題を解決するためのテーマ、コンセプトを考え、プロットや絵コンテを実際に作成します。そして、各自ビデオカメラを手に撮影を行い、撮影した動画をPremiere Proを利用して編集してもらいます。これによって、「動画のデザイン」を体得してもらいます。講座修了後には、簡単な動画なら、自分一人で撮影・編集ができるようになります。

JaGra プロフェッショナル DTP＆Web スクール

〒103-0001　東京都中央区日本橋小伝馬町 7-16　ニッケイビル 7F

電話：03-3667-2271

URL：https://www.jagra.or.jp/

Chapter 1

動画をデザインする

動画制作のワークフロー

最初に、ザックリと動画を制作するフローを確認しておきましょう。
本書も、この順に沿って解説しています

動画制作の流れ

　動画は、次のような流れで制作されるのが一般的です。ただし、この通りでなければならないということはありません。これは、あくまで基本的な順序です。

ショートムービー『おにぎり』

動画をデザインする

「動画制作の流れ」にある「動画をデザインする」の詳細についてはこのあと詳しく解説しますが、作業内容、作業手順は次のフローチャートのように行います。

1・動画の「テーマ」を設定する

↓

2・動画の「コンセプト」を設定する

↓

3・プロットの作成

↓

4・絵コンテの作成

編集中の『おにぎり』

動画編集を楽しむ

動画を編集するうえで大切なことは、動画編集アプリの使い方を覚えることではありません。動画の編集作業を楽しむことが重要です。

● 動画編集を楽しむ

動画の編集で大切なことは、次の一点です。

動画の編集を楽しむ

動画編集アプリの使い方を覚えるより、まず動画の編集を楽しまなければ動画の編集を続けることができません。いやいや、編集ソフトの使い方を覚えなければ、楽しめないでしょ、と思うかもしれませんが、動画編集を楽しみながらアプリの使い方を覚えないと、なかなかアプリの使い方は身に付きません。

本書では、『Adobe Premiere Pro』（以後「Premiere Pro」と表記）の使い方を解説していますが、Premiere Proでなくてもかまいません。いま、入手できる動画編集ソフトを利用して、まず動画編集を楽しんでください。理屈などは必要ありません。理屈は、動画編集の楽しさを知ってから、考えましょう。

スマートフォンやデジタルカメラで撮影した動画を、とりあえず動画編集ソフトに取り込んで触ってみましょう。対象はなんでもOKです。自分の身のまわりにあるものを撮影し、とりあえず編集してみることから始めましょう。

Premiere Proでの動画データの取り込み方法が分からないときは、本書85ページを参照して始めてください。

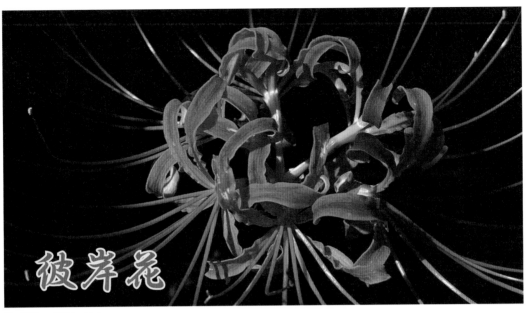

花を撮影して編集してみた

乗り物を撮影して編集してみた

散歩の途中で撮影して編集してみた

趣味のキャンプを撮影して編集してみた

ペットを撮影して編集してみた

旅行先で撮影した動画を編集してみた

本書で作成するショートムービー

本書では、例題としてショートムービーを作りながら、動画制作の流れを体験します。この Sectionでは、これからどのようなショートムービーを制作するのかを解説します。

● ショートムービーを制作しながら手順を覚える

　本書は、実際にショートムービーを作りながら動画制作の手順と方法をマスターするように、各 ChapterやSectionを構成してあります。

　本書で作成するショートムービー、いわゆる「短編映画」のタイトルは、『おむすび』です。このショートムービーを実際に制作しながら、動画制作の手順を具体的に解説します。

ショートムービー『おにぎり』

そして、制作するショートムービーの「テーマ」と「コンセプト」が、以下です。

◎ショートムービーの「テーマ」

> 愛情をにぎる

◎ショートムービーの「コンセプト」

> 相手への思いやりを形で示す

　このショートムービーは、ご紹介した「テーマ」と「コンセプト」によってストーリーが構成されています。ベタなテーマとコンセプトですが、動画の制作では、ショートムービーに限らず、どのような動画でもこの「テーマ」と「コンセプト」が重要であり、これがないと動画が成立しないといっても過言ではありません。

　なお、なぜ動画では「テーマ」と「コンセプト」が重要なのかは、この後のSectionで順を追って解説します。

『おにぎり』のカット

● ショートムービー制作の流れ

　本書では、ショートムービーを作りながら動画制作の手順をマスターしますが、15ページで解説した「動画をデザインする」で設定した「テーマ」と「コンセプト」は、「シナリオの作成」と「動画の編集作業」という作業を経て具体的な映像として仕上げられます。

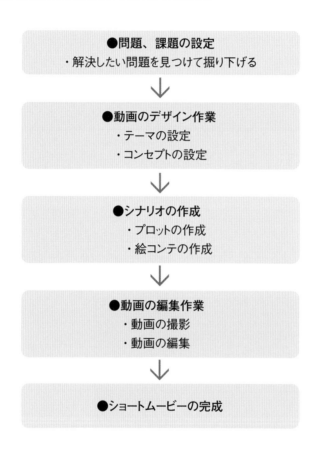

●問題、課題の設定
・解決したい問題を見つけて掘り下げる

↓

●動画のデザイン作業
・テーマの設定
・コンセプトの設定

↓

●シナリオの作成
・プロットの作成
・絵コンテの作成

↓

●動画の編集作業
・動画の撮影
・動画の編集

↓

●ショートムービーの完成

Section 1-4 どのような評価を得たいのか

あなたは、自分で作成した動画を公開して視聴してもらったとき、どのような評価を得たいのですか？　その事について、ちょっと考えてみましょう。

● どのように評価されたいですか？

あなたが作成した動画が、たとえばYouTubeなどさまざまなSNSや自社のWebサイトで公開したり、各種メディアで公開されたとしましょう。このとき、動画を見た視聴者から、どのような評価を得たいですか？

あなたが期待する評価を、下の空欄に書き込んでください。

期待する評価

動画の制作では、これも重要なポイントです。たとえば、「**良い動画でしたよ**」、あるいは「**なかなか面白い動画でした**」、「**とてもわかりやすくで、役立つ動画でした**」といった評価を得たいと思いませんか？

では、ここでお尋ねします。

> 「良い動画」とはどのような動画でしょうか？

どうでしょう。自分の制作した動画が「良い動画ですね」といわれた場合、その動画はどのような動画なのでしょう。ただし、この問いに正解はありません。あなた自身が「これが良い動画だ」と思う答えがあれば、それでよいのです。

ここでぼくが考える「**良い動画**」について聞いてください。これはあくまでぼくが考える「**良い動画**」です。

●「良い動画」とはどのような動画なのか

　ぼくが考える「**良い動画**」とは、その動画を観たことによって、視聴者の問題が解決できる動画です。たとえば、動画を観たことによって、次のような結果が得られたとします。

・動画によって新しい情報を得ることができた
・動画によってわからないことがわかるようになった
・動画によって長年の問題が解決できた

といった、実利的な結果もありますし、

・動画を観て感動した
・動画を観て楽しかった
・動画を観て気持ちが和らいだ

というように視聴者の感情に訴える動画も、ちょっと無理があるかも知れませんが、「問題の解決」というように理解しています。「問題」の範疇が広いと理解してください。
　たとえば具体的には、

・動画によって、アプリケーションソフトの操作方法を理解できた
・動画によって、長年肌荒れで悩んだが対応策がわかった
・動画によって、作りたい料理を作れるようになった
・動画によって、ファンタジーな世界を楽しめた

といったように、「**動画によって視聴者の問題を解決**」できれば、それは「**良い動画**」といえるのではないでしょうか。
　ただし、何度もいうように、「**良い動画**」とはどのような動画なのかという問いに対しての正解はありません。これは、あくまでぼくが考える「**良い動画**」とはに対する解答です。読者の皆さんは、どのような動画が「**良い動画**」だと思いますか？　自分なりの答えを考えてみましょう。それが、これから作る動画です。

動画のネタ（問題、課題）はどにあるのか

動画で問題を解決するというのはわかるが、そもそも、肝心の問題はどのようにして見つければよいのでしょうか。いわゆる「動画のネタ」の見つけ方です yo

● 日常の中にネタがある

　動画で解決する問題は、どのように見つければよいのでしょう。いわゆる「動画のネタ」というやつですね。動画のネタはどこにあるかというと、自分の日常にあります。自分を見回してみれば、動画のネタがゴロゴロしていることに気づきます。

> ### 自分の回りに動画のネタがある

　たとえば、YouTuberとして動画を作りたいのであれば、自分が好きなこと、自分が興味を持っているものから見つけるとよいでしょう。なぜかといえば、「詳しい知識を持っている」からです。詳しく知っているということは、「良い動画を作りやすい」ということなのです。

テーマが「愛情をにぎる」になった理由

　本書で制作するショートムービーの『おにぎり』ですが、テーマは「愛情をにぎる」です。では、なぜこのテーマになったのかを説明します。

・きっかけ

　ショートムービーの『おにぎり』を作りたいと思ったきっかけは、YouTubeで公開されていたお弁当がテーマの短編映画を観たことです。自分でもこのような短編映画を作ってみたいと思ったのがきっかけです。

・日常のタネ

　ぼくは動画の講座をスクールで開講していますが、講座は午前10時から午後4時30分までみっちりとあります。そして、お昼はカミさんが作ってくれたお弁当を持参していたのです。この手作り弁当でとくに好きだったのが、「おにぎり」でした。

・「テーマ」を設定するポイント

> カミさんが作ってくれるお弁当のおにぎり。いつも美味しく味わっていたのですが、そのおいしさと、おにぎりを作ってくれることへの感謝の気持ちを動画で表現したいと思ったのです。

こうして、「テーマ」は決まりました。

愛情をにぎる

「コンセプト」を設定する

　テーマが決まれば、あとはそのテーマを具体化するためのコンセプト作りです。コンセプトでは、「にぎる」ことを中心に、どのように感謝の気持ちを具体的に表現するかを考えました。そして、具体化するためのキーワードとして、「愛情をにぎる」をコンセプトのメインとして設定しました。

　「愛情をにぎる」をキーワードとして、具体的なコンセプトを設定します。設定方法については、20ページで解説しています。

相手への思いやりを形で示す

● 動画を内製化する場合

　広報など自分の所属する部で動画を制作する、いわゆる内製化をすることになった場合、「動画のネタ」はどうなのでしょう。動画のテーマなどは会社から提示されることが多いですよね。

　したがって、自分で問題を探すこともないのではと思いがちですが、それは間違いです。たとえ会社から与えられたテーマであろうと、これからあなたが制作する動画のコンセプトは自分で設定しなければなりません。そのためには、

> ## テーマに関心を持つ

　これが需要です。テーマに関心がなければ、「**良い動画**」は作れません。その理由は、自分なりに問題を解釈し、具体的な解決方法を見つけなければならないからです。このとき、関心が重要になります。なぜ大切なのかを、チャートで見てみましょう。

関心、興味がある

↓

知ろうとする

↓

調べる、取材する

↓

集めた情報を整理、まとめる

↓

情報を具体化する

↓

映像化

動画をデザインする

「良い動画」をつくるためには、動画をデザインする必要があると考えます。
では、「動画をデザインする」とはどのようなことなのでしょうか。

● 「良い動画」制作には何が必要か

では、問題を解決してくれる「**良い動画**」を制作するには、何が必要なのでしょうか。ぼくはその
答えを次のように考えています。

動画をデザインすること

「**動画をデザインする**」とはあまり聞き慣れない言葉ですが、問題を解決する動画を制作するには、
動画をデザインする必要があると考えています。

● 「デザイン」とは

動画のデザインについて解説する前に、デザインとは何なのかについて整理しておきましょう。た
とえば、本書を例に考えてみましょう。本書は、このように書籍をデザインしました。

①問題・課題をピックアップ
動画の制作方法を知りたい人がいる

②問題解決の方法
問題を解決するには、どのような情報が必要か

③解決方法を具体的な形にする
集めた情報をわかりやすく、具体的な形にする

　本書は、簡単にいえばこのように作られているわけです。これがいわば「書籍のデザイン」ですね。要するに、デザインとは次のようにまとめられます。

> ## デザインとは
>
> 問題を掘り下げて解決方法を設計し、
> その設計を具体的に表現することで問題を解決すること。

　わかりやすくいえば、本書をデザインするということは、

> 読者が知りたい情報を調べて吟味し、
> それをわかりやすくグラフィックデザインすることで、
> 読者の問題を解決する。

ということなのです。これが本書の目的であり、本書をデザインするということになります。

　何かをデザインしたことによって、その結果、何ができるようになるかというと、伝えたいことが伝えたい人に、正確に伝えられるようになります。

① 伝えたいことを
② 伝えたい人に
③ 正確に伝えること

　そして、これがデザインの役割でもあります。

●「動画をデザインする」とは

「動画をデザインする」ということも、目的は同じです。

① 伝えたいことを
② 伝えたい人に
③ 正確に伝えること

　これが動画をデザインすることの目的です。

では、動画のデザインでは、具体的に何をするのかを考えてみましょう。ここでも、本書で制作する例題のショートムービー『おにぎり』を例に解説します。

[1] 伝えたいこと

これから制作する動画で伝えたいことを、「テーマ」と「コンセプト」として表現します。

> テーマ　　：問題、課題
> コンセプト：テーマを解決するための具体的な方法

これを、制作するショートムービー『おにぎり』に当てはめると、次のようになります。

> 『おにぎり』のテーマとコンセプト
> テーマ　　：愛情をにぎる
> コンセプト：相手への思いやりを形で示す

先に「コンセプト」は具体的な方法と解説しましたが、上記した『おにぎり』のコンセプトは具体的ではありませんね。「テーマ」と「コンセプト」については、このあと詳細に解説し、さらに具体的に展開します。

[2] 伝えたい人

次に、伝えたい人、すなわち動画を見てもらいたい視聴者を設定します。一般的には「ターゲット」といいますが、ここではマーケテングで使われる「ペルソナ」という言葉を利用しましょう。「ターゲット」と「ペルソナ」は似たような意味ですが、ペルソナは、ターゲットより詳細に対象を設定します。

たとえば、『おにぎり』の場合は、このようになります。

◎「ターゲット」だと・・・
　・20代〜30代
　・女性
　・主婦
　・子供あり

◎「ペルソナ」では・・・
　・女性

- ・28歳
- ・既婚、専業主婦
- ・子供あり（小学校低学年）
- ・InstagramなどのSNSでお弁当レシピを閲覧している
- ・自分でもレシピサイト、動画を公開している

このようにペルソナはターゲットよりも詳細に設定します。これによって、作成する動画の方向性を具体的に設定できるようになります。いってみれば、伝えたい相手の顔がわかるということでしょうか。

[3] 正確に伝える

「正確に伝える」では、[1]のコンセプトを、[2]のペルソナに対してどのような映像を示すことで問題を解決し、目的をどのように達成するかを具体的に展開します。ここが動画制作のメインになります。

作業としては4工程になりますが、作業内容的には2タイプに分けられます。

◎ シナリオ作り
　①プロットの作成
　③絵コンテの作成

◎ 編集作業
　③動画の撮影
　④動画の編集

「シナリオ作り」で動画のストーリーを設定し、「編集作業」で映像として仕上げるという流れになります。

実習：「テーマ」と「コンセプト」を設定する

ここでは、動画制作に必要な「テーマ」と「コンセプト」の設定を、実習形式で行ってみます。これで、両方ともきちんと設定できるようになります。

● プロモーションビデオを制作する設定

　このChapterでは、動画制作時に必要なテーマとコンセプトについて解説してきました。まとめ編として、実際にプロモーションビデオ（PV：promotion video）を制作すると仮定して、その動画の「テーマ」と「コンセプト」を設定してみましょう。

　なお、正解はありません。あなたが考えた「テーマ」と「コンセプト」が正解です。では、始めましょう。

ボールペンのPVを制作する

　机の上にお気に入りのボールペンがあったので、このボールペンのPVを制作すると仮定して、PV用の「テーマ」と「コンセプト」を考えてください。ポイントは、「お気に入りの」という部分です。何か自分で制作したいPVがあったら、「お気に入り」な物を選んでください。コンセプトが考えやすくなります。

このボールペンのPVを制作したい

◎ あなたが考えた「テーマ」

◎ あなたが考えた「コンセプト」

●「テーマ」を設定する

　すでに、何度も「テーマ」の設定について解説していますが、ここで「テーマ」の設定方法をまとめておきます。

> 「テーマ」=解決したい問題、課題

「主題」「問題」「課題」について

「問題」といっても、悩んでいるというネガティブな事象だけでなく、相手に伝えたい新しい情報、相手に伝えたい感情など、ポジティブな事なども含めます。

　今回は、お気に入りのボールペンのPV制作ですが、気に入っているのは「書きやすい」ことです。ZEBURA社の「SARASA」というボールペンですが、このボールペンの書きやすさを伝えたいので、「テーマ」を次のように設定しました。

◎「テーマ」

> ボールペンの書きやすさを伝えたい

　ひねりも何もなく、ストレートにこれを「テーマ」として伝えたいと感じています。「テーマ」は、「わかりやすい」事が重要です。

●「コンセプト」を設定する

　テーマが設定できたら、コンセプトを設定します。コンセプトは、そのテーマを実現するための具体的な手段や方法です。そこで、「なぜ」を使ってコンセプトを考えます。

ボールペンが書きやすい

↓

なぜ、書きやすいのか

↓

書き始めにかすれない

　

なぜ、書き始めにかすれないのか

↓

ジェルインクだから
耐水性に優れた水溶性顔料を利用しているから

　

なぜ、書きやすいのか

↓

油性インクのようにペン先にインクが溜まらない
書いた文字がきれい

↓

なぜ、字がきれいなのか

↓

紙の上を軽く滑らせるだけではっきりと濃い線が書けるから

　このように、「なぜ」に答える形でキーワードを引き出します。そして、このキーワードがコンセプト

になります。このキーワードは、できるだけ数多く引き出してください。

キーワードをコンセプトにする

「なぜ」を繰り返して導き出したキーワードから、コンセプトを設定します。なお、「テーマ」は1個ですが、コンセプトは複数あってかまいません。複数設定した方が、このあと映像化しやすくなります。

◎ コンセプト

> ・書き始めがかすれない
> ・書いた線が濃くてハッキリしている
> ・インクが溜まらない
> ・耐水性があるので、濡れても滲まない
> ・速乾性があるので、手が汚れない

　実は、こうして引き出したコンセプトは、そのまま映像化すれば良いのです。映像化については、このあとの「シナリオの作成」で解説します。

MEMO

「ターゲット」と「ペルソナ」

ところで、このボールペンPVのターゲットやペルソナを考えてみましたか?
ぼくの場合、ペルソナを次のように設定しました。

　・ボールペンで文書を書くケースの多いビジネスマン→書いた文書を汚さないため

　また、次のようなペルソナも考えられます

　・日記をボールペンで書く女子高生

　ただ、同じボールペンでもペルソナが異なれば、映像構成も異なるし、販売戦略も異なってきます。それだけに、ターゲット、ペルソナの設定は重要です。

あなたは、どのような動画を制作したいのですか？

ここでは、これからあなたがどのような動画を制作したいのか、その動画の「テーマ」と「コンセプト」を書き出してみましょう。

● あなたが制作したい動画の「テーマ」

自分のまわりを見回して、解決したい問題を見つけてみましょう。
それが「テーマ」になります。

◎ 私の動画の「テーマ」

● あなたが制作したい動画の「コンセプト」

「テーマ」が設定できたら、その「テーマ」の問題、課題を解決するための「コンセプト」を設定します。「コンセプト」は1つではありません。複数設定してかまいません。代表となるようなキーワードでもOKです。

◎ 私の動画の「コンセプト」

● あなたが制作したい動画の「ペルソナ」

「テーマ」、「コンセプト」が設定できたら、その動画のターゲットや「ペルソナ」を設定してみましょう。なるべく詳細に設定することで、具体的な映像をイメージしやすくなります。

◎ 私の動画の「ペルソナ」

Chapter 2

プロットシートの作成

ストーリーを考える

動画の特徴は、時間軸を持っているということです。それはどのような意味があるのかというと、「ストーリー」を持つことができるという事です。ここでは、ストーリーの作り方について解説します。

どのようにストーリーを作るのか

「動画」というメディアの最大の特徴は、「時間軸」を持っていることです。時間軸とは時間の経過を表したもので、動画は写真のアニメーションによって、時間の流れ、経過を表現しています。

ここで重要なのは、時間の経過を表現するためには「ストーリー」が必要だということです。動画では、ストーリーを持たせることによって、意味のある動画ができあがります。逆にいうと、ストーリーのない動画では「良い動画」が作れないということなのです。

ストーリーの作り方

では、動画のストーリーはどのように作ればよいのでしょうか。いきなりストーリーが必要といわれても、どのように作ったらよいのかわかりませんよね。そこで重要なのが、Chapter 1で考えた「テーマ」と「コンセプト」です。動画のストーリーは、「テーマ」と「コンセプト」を利用して作成します。

ここでおさらいしておきましょう。動画の「テーマ」と「コンセプト」とは何だったでしょう。

テーマ 　　：解決したい問題
コンセプト：問題を解決するための具体的な方法

「テーマ」と「コンセプト」は、このようなことでしたよね。そして、ストーリーは、コンセプトにあります。問題を解決するための「具体的な方法」が、すなわちストーリーなのです。

コンセプトの「このように」を具体的にすると、その問題を解決するためのストーリーができあがるのです。

● 『おにぎり』のストーリーを考える

ここで、実際にストーリーを作ってみましょう。本書では、『おにぎり』というショートムービーを作成します。その「おにぎり」の「テーマ」と「コンセプト」です。

> 『おにぎり』のテーマとコンセプト
> 　テーマ　　　：愛情をにぎる
> 　コンセプト：相手への思いやりを形で示す

「コンセプト」からストーリーを作る

それでは、『おにぎり』のコンセプトである「相手への思いやりを形で示す」を、具体的に考えてみましょう。

① おにぎりのためのお米を準備する
② お米を研ぐ
③ お米を炊く
④ 具を準備する
⑤ お米が炊けた
⑥ お米をにぎる
⑦ おにぎりを包む

ザックリとおにぎり作りを具体的に考えると、このような流れになりますね。この「流れ」がストーリーです。そして、これらの動作の一つひとつが、相手を思いやる行動なのです。そして、このコンセプトの動作によって、「愛情をにぎる」という表現ができるわけです。

プロットを作成する

ストーリーを映像として表現するには、ストーリーを具体的な絵として考える必要があります。その最初の作業が、「プロット」の作成です。

● ストーリー作りの手順

ザックリと考えたストーリーを映像として仕上げる手順は、これが正しいという決まりがありません。どのように映像として仕上げてもかまわないのです。しかし、目的とする「**良い動画**」を作りやすくする進め方はあります。

ちょっと小難しい話しなのですが、たとえば、映画などはこのように作られているようです。では、それぞれの特徴を見てみましょう。

【シノプシス】

動画の概要や要点を短い文章で簡潔に要約した、大まかな「あらすじ」です。ぼくの場合、ザックリとしたあらすじをメモします。

【プロット】

ストーリーの流れや展開をストーリーラインとしてまとめたもので、大まかな起承転結で構成します。シノプシスをもう少し、ストーリー仕立てで作成したものです。

【絵コンテ・シナリオ】

動画を撮影するための台本、脚本です。プロットをより詳細に構成したものと考えればよいでしょう。

動画制作では、「絵コンテ」をシナリオとして利用するケースが多いようです。

ぼくの場合、絵コンテを描かないときもありますが、プロットは必ず作成します。プロットは、ストーリーの確認のほか、次のSectionで解説しているように撮影時の問題解決のために必要になります。絵コンテは作成しなくても、プロットは必ず作成しましょう。

なお、これが正しい方法というわけではありません。あくまでぼくのやり方であって、それぞれやりやすい方法、作りやすい方法で制作してOKです。

プロットを作成する

ぼくの場合、ザックリとストーリーが考えられたところで、プロットを作成します。その時に利用するのが、プロットシートです。画面は、ぼくが利用しているプロットシートです。サンプルとして提供していますので、利用してみてください。

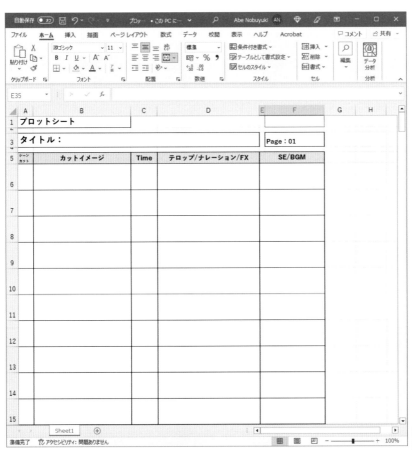

実際に利用しているプロットシート（Excel版）

プロットシート				
タイトル:				Page : 01
シーン カット	カットイメージ	Time	テロップ/ナレーション/FX	SE/BGM
				STACK

実際に利用しているプロットシート（PDF版）

※プロットシートは、フォルダー名「Sample」の中に、「プロットシート.pdf」「プロットシート.xlsx」というファイル名で保存されています。

プロットの書き方

　プロットは、ストーリーの流れに応じてカットをイメージし、そのイメージを文字で表現します。頭の中で流れている映像を、カットごとに文字にしているという感じです。このとき、カットの映像をイメージしながらストーリーを作り込みます。といっても、このあと解説する絵コンテのように、絵を描く必要はありません。カットイメージを文字で書きます。

　たとえば、『おにぎり』では、34ページでピックアップした「あらすじ」を元に、カットイメージをプロットシートに書き出します。このとき、カット映像をイメージしながら文字を書くのですが、この時間がぼくは一番楽しいです。

　カットイメージに加えて、可能であればそのときに思い付いたナレーションやBGM、テロップなども書き込みます。

プロットシート				
タイトル： おにぎり				Page：01
シーン/カット	カットイメージ	Time	テロップ/ナレーション/FX	SE/BGM
S1	朝のイメージ		早朝の窓から	
C1	〃		一番電車？	
C2	日の出のシーン？		日の出はうストへ	
S2	お米の準備		メーカー名入らぬように	
C1	袋から出す			
C2	カップから落ちる			
C3	ボールに入る			
	こんなアップで!!			
C4	お米を研ぐ		研ぐ音を入れる!!	
C5	お米をすすぐ			
C6	お釜にセット			
S3	早朝のイメージ			
C1	手順入れる？		→不要	
C2	炊き上がった釜			
C3	おひなえ用(?)			
C4	まぜる			

STACK

ストーリーの流れを文字で表現する

S（Scene）：シーン

C（Cut）　：カット

「シーン」と「カット」について

　動画は、シーンとカットによって構成されます。「シーン」というのは、ストーリーの中で、時間や場所、出来事のまとまりです。「カット」は、カメラのアングルや動作を切り分けたパーツで、カットを繋げて連続性を持たせたものが「シーン」です。

　たとえば、次ページのPCで仕上げた画面で紹介しているプロットでいえば、次のようになります。

> シーン2：お米の準備
> ・カット1：お米を袋から出す
> ・カット2：出したお米をボールに入れる
> ・カット3：ボールに入ったお米のアップ

　というように、1つのシーンは複数のカットで構成されます。なお、右ページ画面の例では、シーンがわかりやすいようにセルに色を設定して、色分けしています。

　また、この後の43ページで台本について解説していますが、台本を元にプロットを考えると、次のようなシーンやカットが想定できます。

> シーン1：朝の公園
> ・カット1：公園のブランコ
> ・カット2：公園入り口から入ってくる花子
> ・カット3：ブランコに座っている太郎
> ・カット4：花子の顔アップ

　このように、映像の流れをイメージしながら、プロットを作成します。細かくカットを書くか、ザックリと書くかは、好みです。自由に書いてください。

プロットシートについて

　プロットは「プロットシート」を作成して書きます。必ずプロットシートを作らねばならないというわけではありませんが、プロットシートがあると、イメージをまとめる作業がスムーズに進みます。

　ぼくの場合、プロットシートはExcelで作成しています。サンプルとしてExcel版とPDF版を用意しましたので本書のサポートページからダウンロードしてご利用ください。以前はIllustratorで作成したプロットシートに手書きしていたのですが、最近はPC上やタブレット、スマートフォンで作成しています。いずれにしてもデジタルだとカットの順番の入れ替えなどが楽です。

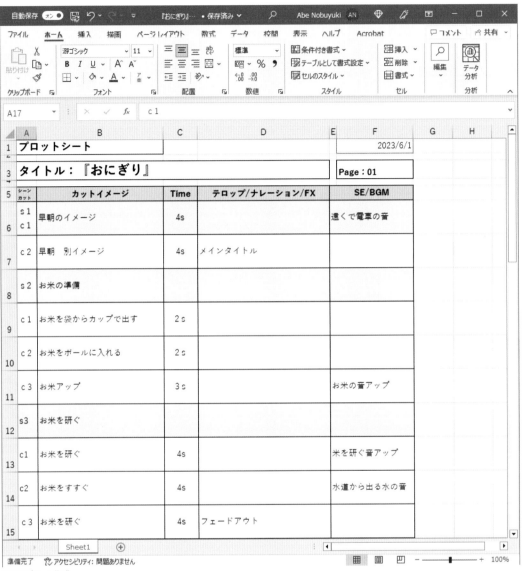

タイトル：『おにぎり』 Page：01

シーン／カット	カットイメージ	Time	テロップ/ナレーション/FX	SE/BGM
s1 c1	早朝のイメージ	4s		遠くで電車の音
c2	早朝　別イメージ	4s	メインタイトル	
s2	お米の準備			
c1	お米を袋からカップで出す	2s		
c2	お米をボールに入れる	2s		
c3	お米アップ	3s		お米の音アップ
s3	お米を研ぐ			
c1	お米を研ぐ	4s		米を研ぐ音アップ
c2	お米をすすぐ	4s		水道から出る水の音
c3	お米を研ぐ	4s	フェードアウト	

PCでプロット作成

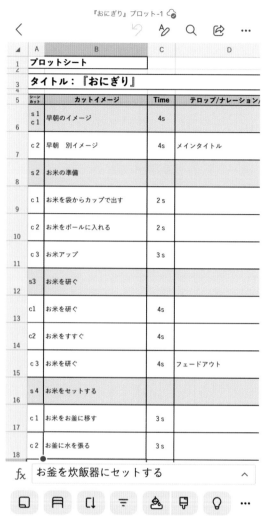

『おにぎり』プロット-1

シーンカット	カットイメージ	Time	テロップ/ナレーション
s1 c1	早朝のイメージ	4s	
c2	早朝　別イメージ	4s	メインタイトル
s2	お米の準備		
c1	お米を袋からカップで出す	2s	
c2	お米をボールに入れる	2s	
c3	お米アップ	3s	
s3	お米を研ぐ		
c1	お米を研ぐ	4s	
c2	お米をすすぐ	4s	
c3	お米を研ぐ	4s	フェードアウト
s4	お米をセットする		
c1	お米をお釜に移す	3s	
c2	お釜に水を張る	3s	

プロットシート

タイトル：『おにぎり』

fx　お釜を炊飯器にセットする

スマートフォンでプロット作成

Section

2-3

撮影時の課題の洗い出し

プロットシートができあがったら、実際の撮影を行う際に問題がないかどうかを検討します。
問題がある場合は、この段階で対処します。

● カットに問題はないかチェック

　プロットができあがったら、撮影を行う際に問題がないかどうかをチェックします。ぼくの場合、絵コンテを描く前のプロットの段階でチェックし、問題点があったらプロットを書き直します。こうしてプロットをブラッシュアップします。

プロットシート				2023/6/1
タイトル：『おにぎり』				Page：01

シーン カット	カットイメージ	Time	テロップ/ナレーション/FX	SE/BGM
s1 c1	早朝のイメージ	4s		遠くで電車の音
c2	早朝　別イメージ	4s	メインタイトル	
s2	お米の準備			
c1	お米を袋からカップで出す	2s		
c2	お米をボールに入れる	2s		
c3	お米アップ	3s		お米の音アップ
s3	お米を研ぐ			
c1	お米を研ぐ	4s		米を研ぐ音アップ
c2	お米をすすぐ	4s		水道から出る水の音
c3	お米を研ぐ	4s	フェードアウト	
s4	お米をセットする			
c1	お米をお釜に移す	3s		
c2	お釜に水を張る	3s		
c3	お釜を炊飯器にセットする	2s		
c4	炊飯器のボタンアップ	2s		
c5	電源が入る	2s		

ここに注意

STACK

Page：

『おにぎり』プロットでは、次のような問題点が見つかりました。

①お米を取り出す　→　お米の銘柄がわからないようにする

②梅干しのアップ　→　市販の梅干しではなく自家製を使う

③おにぎりをにぎる→　ラップを使ってにぎる

HINT

こんな問題点がある

撮影時の問題点は、いろいろあります。とくに注意しなければならないのは、撮影許可と肖像権の問題です。

●問題点と解決方法

たとえば、駅の改札シーンを撮りたい場合、駅構内での撮影には許可が必要になります。この場合、許可なしで撮影するなら、改札の撮影は諦めて、駅名がわかるような何かのカットに変更します。

また、交差点などのカットで人物の顔が映り込んだ場合は、顔をぼかす処理を行います。この場合、人物は動くので、トラッキングを利用して顔をぼかします。トラッキング方法については、181ページを参照してください。

●撮影許可を得る

また、公園で撮影を行う場合でも、許可が必要になります。通常、公園は自治体が管理しているので、その公園を管理する自治体（区役所、市役所など）に「撮影許可申請」を行います。

道路での撮影も、撮影許可が必要になります。道路の場合は、「道路使用許可」といって、道路を所轄する警察署の交通課などが窓口になります。

HINT

撮影保険が必要

公園での撮影などで撮影を行うための撮影許可申請で、ひとつ注意があります。それは、エキストラなどを利用する場合は、傷害保険などに加入しておく必要があることです。たとえば、撮影中に怪我や事故などが発生した場合、対応するための保険が必要です。損賠賠償保険、傷害保険などいろいろあるので、保険会社で調べてください。

なお、上記の許可申請を申し込む際に、保険に加入していないと許可されないケースもあります。

Section 2-4 台本を書く場合

動画によっては、出演者にセリフが必要な場合があります。その場合は台本を書く必要がありますが、台本の書き方には、ある決まりがあります。

台本の決まり事

　台本は必ず必要というものではありませんが、動画によっては必要になる場合があります。昔、某ラジオ局で放送作家的な仕事をしていた時期があり、そのときに台本の書き方を教えていただきました。

　決まりはいろいろあるのですが、簡単にまとめると、「柱」、「ト書き」、「台詞（セリフ）」の3点がポイントになります。このほかト書きの書き方などもあるのですが、この3点さえあれば、台本として利用できます。一般的な台本のスタイルをご紹介しておきます。画面は縦書きですが、横書きでももちろんOKです。

　この3点以外の要素としては、ナレーション（N：narration）やBGM（M：music）、効果音（SE：sound effects）などがありますが、セリフと同じように記述すればOKです。要は、それが何の要素なのかわかればよいのです。

① 柱　　：時間と場所、シーン番号を入れる
② ト書き：人物の動作や場所などの具体的な説明で、視覚的な情報や演出を書く。
　　　　　極端にいえば、セリフ以外はト書きとして書かれる。
③ 台詞　：行の先頭に役名を書き、続けてセリフを「」でくくって書く。

次ページに台本の執筆例を掲載していますが、こうした台本執筆用のアプリは、PCあるいはスマホ用ともあります。「台本　アプリ」というキーワードで検索すれば、有料、無料を含めていろいろと検出できます。

1 朝の公園

② ト書き

山田太郎（22）、公園のブランコに座っている。

公園の入り口から、鈴木花子（21）やって来る。

③ 台詞

SE：

鳥のさえずり、木の葉のざわめき

花子 「電話しないでって言ったでしょ！」

太郎 「とくに用事はないけど、話したくて」

花子 「なんの用事？」

呆れ顔の花子。

2

（回想）夕方の喫茶店　店内

太郎、携帯電話で話している。

1

台本の例

Chapter 3

絵コンテの作成

絵コンテについて

動画制作で必要とされる「絵コンテ」ですが、絵コンテをどのように作成するのか、どの量に利用するのかきちんと理解されていないことも多いようです。ここでは。絵コンテについて概要を解説します。

● そもそも「絵コンテ」って何?

　「絵コンテ」は英語で「Storyboard」と表記されますが、その通り、絵コンテは、絵でストーリーを確認するものです。絵コンテには、これから作成する動画のストーリーを、シーンやカットの順番、カメラの動き、被写体の構図やポーズなどの要素を、スケッチやイラストで描いたものです。表現が妙ですが、「動かない動画」というか、「絵で見る動画」とでもいいましょうか。

　たとえば、本書で解説しているサンプル動画『おにぎり』の絵コンテをご覧ください。絵コンテは簡単にいえば、プロットで作成したストーリーをスケッチやイラストで絵にしたものです。これによって、ストーリーを確認すると同時に、どのような映像をこれから撮ればよいのかが理解できます。

『おにぎり』の絵コンテ

なぜ絵コンテが必要なのか

　たとえば、自分だけでなく制作スタッフで動画を制作する場合、プロットのストーリーが絵となっていれば、これからどのような動画を作りたいのか、そのイメージを共有できるようになります。一人で動画を作成する場合でも、自分でストーリーを確認するためにも作成してください。

　もちろん、自分で利用する場合でも、カットイメージの確認やカットのつながりをメモしたりなど、いろいろと役立ちます。

プロットシート				2023/6/1	
タイトル：『おにぎり』				Page：01	
シーン/カット	カットイメージ	Time	テロップ/ナレーション/FX	SE/BGM	
s1 c1	早朝のイメージ	4s		遠くで電車の音	
c2	早朝 別イメージ	4s	メインタイトル		
s2	お米の準備				
c1	お米を袋からカップに出す	2s			
c2	お米をボールに入れる	2s			
c3	お米アップ	3s		お米の音アップ	
s3	お米を研ぐ				
c1	お米を研ぐ	4s		米を研ぐ音アップ	
c2	お米をすすぐ	4s		水道から出る水の音	
c3	お米を研ぐ	4s	フェードアウト		
s4	お米をセットする				
c1	お米をお釜に移す	3s			
c2	お釜に水を張る	3s			
c3	お釜を炊飯器にセットする	2s			
c4	炊飯器のボタンアップ	2s			
c5	電源が入る	2s			
				STACK	
				Page：	

『おにぎり』のプロット

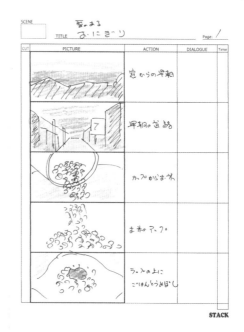

『おにぎり』の絵コンテ

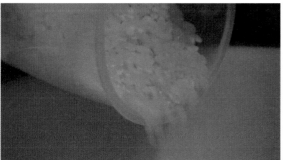

絵コンテを基に、動画を撮影する

絵コンテのタイプは複数ある

一言で「絵コンテ」といっても、いろいろなタイプがあります。主な絵コンテを見てみましょう。

・ラフカット

ラフなスケッチで描いた絵コンテ。ストーリーを確認できるというほどのものでなく、シーンやカットのアイディアを確認するためのラフスケッチレベルの絵コンテ。

・ラフコンテ（ラフ絵コンテ）

ラフなスケッチではあるけど、ストーリーが確認できる程度に書き込んだ絵コンテ。筆者などは、この程度の絵コンテで作業を行うのがほとんど。筆者が作る絵コンテも、このレベルの絵コンテ。

・カット絵コンテ

シーンやカットのイメージを詳細に描き込んだ絵コンテ。自分だけでなく、たとえば音声、照明など各スタッフにもイメージを共有化してもらう際には役立つ絵コンテ。だだ、映画やテレビドラマなど大掛かりな映像制作でなければ、そこまで拘る必要はない。

・アニメ絵コンテ

アニメーション制作で利用される絵コンテ。ストーリーの流れはもちろん、キャラクターの表情や動き、アクションなどを詳細に描き込む場合が多い。

● サンプルの絵コンテシート

　サンプルとして、ぼくが利用している自作絵コンテシートを提供しています。これをテスト用に利用してください。必要に応じて、サンプルをベースに、利用しやすい自分なりの絵コンテシートを作成してください。ネット上でも、絵コンテシートのテンプレートが各種配布されているので、それらも参考にしてください。

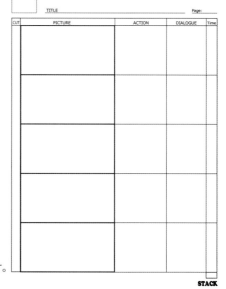

※絵コンテシートは、フォルダー名「Sample」の中に、
　「絵コンテシート.pdf」というファイル名で保存されています。

絵コンテシートの構成

サンプルの絵コンテシートは、次のような要素で構成しています。なお、サンプルの絵コンテシートは、A4サイズの用紙を利用しています。

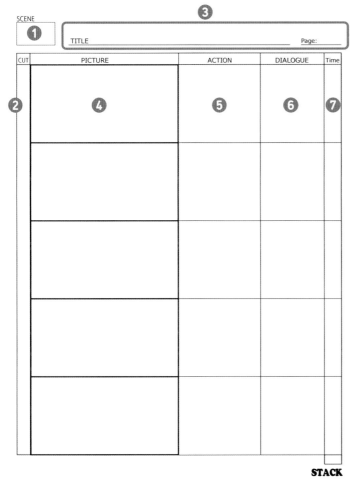

・シーン番号

シーン（場面）の番号を入れる。

・カット番号

カットの番号を入れる。

・タイトル名とページ番号

動画のタイトルと絵コンテシートの番号を入れる。タイトルは最初の1ページだけあればOK。でも、ページ番号は必須。

・ピクチャ

映像のスケッチを描くスペース。枠の縦横比は16：9で作成してある。

・ACTION（アクション）

ピクチャについての解説。キャラクター、被写体の動きやカメラワークなどを、必要に応じて記入。

・DIALOGUE（台詞）

カットでの台詞やタイトルテロップなどがあれば、ここに記入する。

・Time（タイム）

カットの秒数、コマ数などを記入。コマ数は、1つのカットを何フレームで構成するかなどの目安を記入する場合もある。最下段には合計タイム数を入れる欄があり、全てのシートのこの欄を合計すれば、全体のデュレーションを把握できる。

アニメ映画『嫌われ者のラス』のアニメ絵コンテとアニメ映像

ここで実際のアニメ映画のアニメ絵コンテとアニメ映像をご覧ください。これは、友人のYORIYASU監督からお借りした、アニメ映画『嫌われ者のラス』のアニメ絵コンテとアニメのカットです。

これからわかるように、キャラクターの動きや表情などを詳細に描写され、主人公など登場するキャラクターの動きや表情を理解できます。

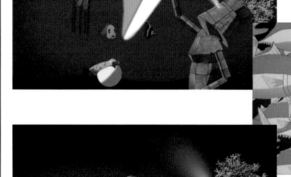

◎YORIYASU監督から「絵コンテについて」

絵コンテは映像を制作するための設計図となります。ですので、絵が上手とか綺麗ではなく、シンプルで分かりやすく制作者に意図が伝わることが一番重要です。

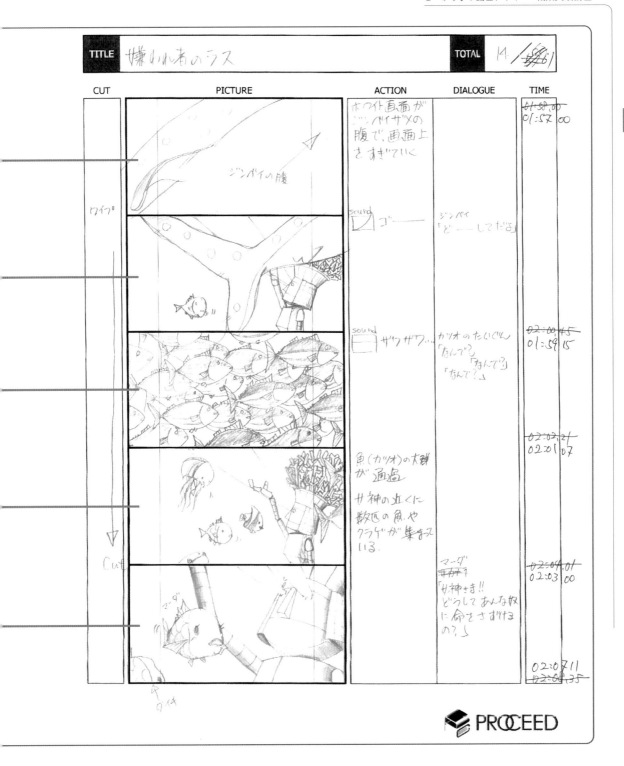

CUT	PICTURE	ACTION	DIALOGUE	TIME

「○」と「＋」で絵コンテを作成する

ここでは、簡単な絵コンテの描き方について解説します。たとえば、人物が登場する絵コンテは、「○」と「＋」だけで描くことができます。

●「○」と「＋」で描く人物絵コンテ

絵コンテは、基本的に手描きです。といっても、私達はイラストレーターではないので、それほど絵が上手いというわけではありません。それでも絵コンテを書く必要があるなら、簡単だけれども、きちんと絵コンテの役割を果たす絵コンテを描きましょう。

イラストレーターでないのだから、簡単に描けばよい

絵コンテをタイプ別にみると、人物が登場する絵コンテと風景の絵コンテに分けられてます。なかでも、人物が登場する絵コンテは、絵心がないと敬遠しがちです。でも大丈夫です。イラストレーターではないぼくでも、簡単に人物絵コンが描けます。しかも、「○」と「＋」で描けます。それが下記です。

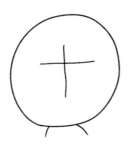

人物を正面から描く

「えっ、これだけ?!」と思われるかも知れませんね。でもこれだけです。これで十分なんです。これでも、次のような表現が可能です。

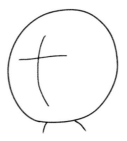

右を向いている

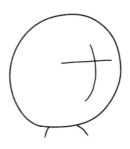

左を向いている

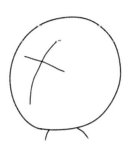

右斜め上を向いている

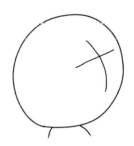

左斜め上を向いている

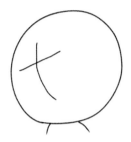

右斜め下を向いている

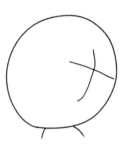

左斜め下を向いている

　これで十分です。いままでこれで絵コンテを描いて、クライアントからクレームが付いたことは一度もありません。

せめて喜怒哀楽は表現したい

　といっても、もう少し表情が欲しい場合があります。そのようなときのために、こんなカットも用意します。

怒っている表情

悲しんでいる表情

笑っている表情

もちろん、複数も可能

　対談などで○と＋で絵コンテを作成する場合、たとえば二人で登場するカットなどは、次のように描きます。

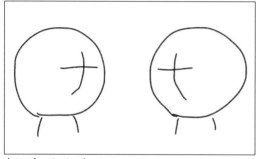

向かい合っている二人

背中合わせの二人

　どうでしょう。この程度の絵コンテなら作成できると思いませんか？　大切なことは、このカットでは何を伝えたいのかが伝わればよいのです。何度もいいますが、私達はイラストレーターではありません。だから、自分で描け内容が伝わる程度の絵コンテであれば、それで十分なのです。

Section 3 - 3

せめて性別がわかるように描きたい

絵コンテによっては、男女を描き分ける必要があるときもあります。そのような場合は、最も簡単に男女を描き分けます。

● 男女を描き分ける場合

コンテによっては、男女を描き分けなければならないときがあります。その場合は男女を描き分けますが、それなりの描き方で描き分けます。ぼく達はイラストレーターではないのだから、決して上手く描く必要はありません。

ベースを描く

男女を描き分ける場合、まず最初にベースを描きます。ベースは、ちょっと楕円形の円を描き、眼、鼻、口、耳を入れます。

ベースとなる顔

POINT

顔のパーツは中心より下に集める

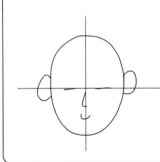

眼、鼻、口、耳などは、楕円の中心より下側に集めると、人の顔としてバランスがよくなります。

子供の顔は円で描く

子供の顔は、楕円ではなく正円に近い円で描きます。また、眼、鼻、口、耳といったパーツは、中心より心持ち下側に描くと、子供らしくなります。

男性を描く

男性の髪を描く

ベースの顔に対して、男性の場合は髪を描きます。顔の頭部にモシャモシャっと髪を描くだけで男性になります。

女性を描く

女性の髪を描く

女性の場合も、ベースの顔に対して髪を描きます。女性らしい髪型を描くだけで、女性になりますね。

ボディを描く

男女の顔だけでなく、ボディも必要になった場合は、簡単な図形でボディを表現します。

男性は長方形で描く

男性を描く場合は、長方形でボディを描きます。首を描いたら、胴体、足、手など長方形で描きます。手にはマイクを持たせてみました。

女性は三角形で描く

女性を描く場合は、三角形でボディを描きます。胴体や足などは三角形で描きます。

どうでしょうか。この程度なら皆さんも描けますよね。しつこく言いますが、私達はイラストレーターではありませんから、上手く描く必要はありません。それが男性なのか女性なのかがわかればよいのです。

コンテを描く【風景の場合】

風景の絵コンテを描く場合は、パースペクティブ（遠近感）がポイントになります。なるべくパースペクティブを意識して描くようにしてください。

● パースペクティブを表現すればOK

階段のつもり

風景の絵コンテを描く場合のポイントは「パースペクティブ」です。いわゆる遠近感ですね。これを表現すれば、だいたい風景だとわかってもらえます。たとえば、画面の2枚のカットは、「階段」と「街」のつもりです。

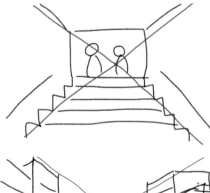

階段のパースペクティブを意識

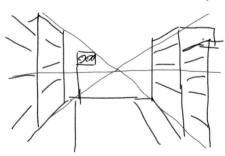

街のパースペクティブを意識

　この程度の絵でも、問題なく何を表現したいのかは伝わりますし、内容も理解できますよね。これで十分なのです。

絵コンテでカメラワークを表現する

ビデオ撮影では、ズーム操作、カメラを左右に振る操作によって撮影するカットもあります。そのようなカメラ操作は、絵コンテでどのように表現すればよいかを解説します。

● ズーム操作やパンなどの操作を表現する

　絵コンテの描画では、このように描かなければならないという決まりはありません。たとえば、ズーム操作はこのように描かなければならないという決まりは無いのです。要は、自分がわかればそれでよいし、スタッフにも意味が伝わればそれでOKです。ここでも、「ぼくの場合はこうしている」という一例です。これを参考に、自由にアレンジしてください。

　主なカメラワークには、次のようなものがありますが、これらを絵コンテ内でどう表現するかを見てみましょう。なお、カメラワークについては、「Chapter 4 撮影を行う」(→P.63)で解説していますので、そちらも参考にしてください。

- ・パン（パンニング）：カメラを左から右、あるいは右から左に振る撮影方法
- ・ティルト　　　　　：カメラを下から上に、あるいは上から下に振る撮影方法
- ・ズーム　　　　　　：カメラレンズの焦点距離を調整して撮影する方法
  - →広角から望遠と被写体に寄る「ズーム・イン」
  - →望遠から広角へと被写体から離れる「ズーム・アウト」

パンの指示

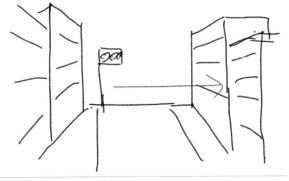

カメラを左から右にパンする場合の指示

パンの表現は、絵コンテの絵に赤で左右の矢印を書き込んでいます。

ティルトの表現は、絵コンテの絵に赤で上下の矢印を書き込んでいます。

カメラを上から下にティルトする場合の指示

ズームの指示

ズーム操作の場合は、矢印の方向でズーム・イン、ズーム・アウトを描き分けます。

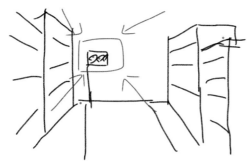

ズーム・インの指示の場合

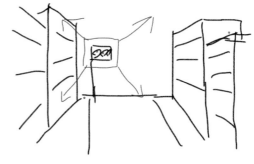

ズーム・アウトの指示の場合

また、ズーム・アウトしてからパンする場合は、ズームとパンの矢印のほか、番号などを書き込んでいます。

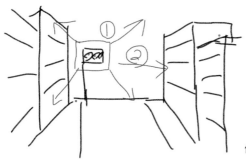

信号からズーム・アウト①してから、左から右へパンする指示の場合

Section

3 - 6

写真や動画で絵コンテを作成する

絵コンテ用に絵を描くのが苦手という読者もいるのではないでしょうか。そのような場合は、スケッチなどを描くのではなく、写真を利用するという方法もあります。

写真で作成する絵コンテ

　絵コンテは、必ずしも手描きである必要はありません。イメージを具体化するという意味では手描きが望ましいのですが、絵を描くのが苦手だったり時間が無い場合は、写真を利用する方法もあります。

　今回、PDF版の絵コンテシートをサンプルとして提供していますが、ここに写真を貼り込んで利用してください。取材やテスト撮影などで撮影した写真を、ピクチャー部分に貼り付けます。

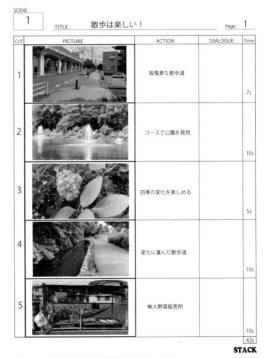

スケッチで作成したの絵コンテ　　　　　　　　　　ピクチャー部分に写真を貼り込んだ絵コンテ

絵コンテを描くツール達

どこででも安く入手できることがポイント

「Adobe Fresco」は、絵コンテだけでなくイラスト作成の重要な
パートナー

　絵コンテは、基本的に「絵」です。なので、それなりの筆記具というか描くための道具が必要になります。もちろん、絵コンテシートと鉛筆が1本あればOKなのですが、色を付けたり、水彩風に仕上げたい、デジタルで描きたい等々、いろいろと欲求が出てくるものです。

　ぼくの場合、鉛筆は「2B」が基本です。あとは、色鉛筆やパステルなどなど、いろいろなペイントツールを利用しています。といっても、絵コンテ用に揃えたのではなく、趣味のお絵描き用に集めたものを、絵コンテでも使っているのですけどね。なお、画材選びのポイントは、「いつでもどこででも入手できること」です。画材専門店でなければ入手できないような画材は避けましょう。100均などどこででも安く入手できることが、描くことを継続できるポイントです。

　デジタルで絵コンテ作成するときに使っているアプリが、アドビのiPad用ペインティングアプリ「Adobe Fresco」。最近は、いわゆるイラストの作成、アニメーションの作成、遊びで絵を描くなどに利用しています。

Chapter 4

撮影を行う

撮影前の準備

プロット、絵コンテなどが揃ったら撮影を行いますが、その前に、ここで紹介することを一応確認しておきましょう。必須ではありませんが、知っておくと失敗を避けられます。

● 撮影の前に何を撮るのかを確認しておく

撮影の失敗で多いのが、「撮り忘れ」「撮りこぼし」などです。撮影の場合、もし撮り忘れがあったら撮り直せばよいのですが、そうできない場合がほとんどです。撮影は

> 一発勝負

だと考えてください。次のことを覚えておくとよいでしょう。

> その日の撮影で必要なものはその日に撮る

「あとから撮り直せばいいや」
などとは思わないようにしてください。あとから撮ろうと思っても、つい面倒になったり、「やっぱり、このカット必要ないな」
などと、自分の都合のよいようにストーリーを変えてしまいがちです。これは失敗の大きな原因になります。

できれば下見はしたい

もし屋外での撮影であり、日程に余裕があるのなら、事前に下見をすることをおすすめします。業界でいう「ロケハン」というやつですね。ロケハンによって、どのあたりのどの風景なら、絵コンテに合う場所があるか、あるならそれはどこかなどを事前に確認しておきます。時間を確認しておけば、当日はスムーズに撮影作業を進めることができますし、撮り忘れもなくなります。

なお、このロケハンという用語「ロケーション・ハンティング」(location hunting)の略語ですが、ロケハンもロケーション・ハンティングのどちらも和製英語です。ですが、最近では、海外でもlocation huntingが使われているようです。

　しかし、ロケハンができないときだってあります。というより、そのケースが多いかも知れません。それでも問題はありません。その場に行って、そこでストーリーに適した最適な風景を見つければよいのです。

　肝心なことは、

> 下調べや準備は重要だけど、できなくてもその場で判断する

という気持ちです。なんでもかんでもマニュアルどおりにやろうとせず、自分の感覚を信じて動画を撮ってください。

プログラムを確認しておく

　イベントの撮影や運動会の撮影などでは、プロットや絵コンテがない場合がほとんどですね。そのようなときには、事前にプログラムを入手して、イベントの流れを把握しておきましょう。それだけでも、撮り忘れなどをなくすことができます。

> 無理してやることはないけど、できることはやっておく

そのような気持ちで、ぼくは撮影を行っています。

撮影機材を確認する

　これは当然ですが、撮影機材のチェックもしておきましょう。カメラや三脚など、撮影に必要な機材をチェックしておきます。とくに忘れがちなのが、次の2点です。

・メモリー容量の確認
・バッテリーの充電と予備バッテリーの準備

メモリーのチェック

　よくある失敗が、「前回の撮影したデータがメモリーに残っている」というケースです。メモリーに余裕があるのならそのまま続けて撮影すればよいのですが、もし容量が足りない場合、前の撮影データを消去しなければなりません。しかし、消去してよいのかどうか、判断できない場合もあります。

そのようなことにならないように、撮影前にはメモリーの空き容量をしっかりと確認しておきましょう。また、前のデータが残っていたら、メモリーをフォーマットしておきましょう。

なお、メモリーはカメラに内蔵タイプ、外部メモリーを利用するタイプなどがあるので、どちらの場合も同じです。とくに、内蔵タイプの場合は削除忘れが多いので、注意しましょう。

バッテリーのチェック

撮影しようと思ったら、バッテリー切れや残量が少ない。これ、最悪のパターンです。ほぼリカバリーの余地がありません。撮影直前に判明しても、充電して間に合えばよいのですが、間に合わなければ、撮影はNGです。

なんとかリカバリーできるとすれば、カメラではなくスマートフォンで動画を撮るという方法くらいでしょうか。

ですので、バッテリーの事前チェックも重要です。

また、予備のバッテリーも、できるなら準備しておきましょう。

機材は必要になったら購入する

どのような撮影機材が必要になるかは、何を撮影するかによって異なります。自分が撮影したい被写体では、どのような機材が必要になるか十分検討してください。機材を購入するポイントは、一度に全てを揃えるのではなく、必要に応じて順次購入すると、購入したけど使わなかったという無駄がでなくて済みます。

「次の撮影では照明が必要だから、撮影に適した照明を購入しよう」と、必要に応じて購入します。

Section

4-2

失敗しないための撮影のポイント

撮影を行うときは、その撮影が失敗しないために、ここで紹介するような項目をチェックしておくことをおすすめします。どれも基本的なことです。

● 撮りたいものを撮る

講座で撮影の話をしていると、次のことをよく聞かれることがあります。

> 構図はどのように決めればよいのですか?

　結論からいえば、構図を決める方法などはありません。撮りたいなと思うものを撮りたいように撮ればよいのです。「黄金比」という法則があって、それを当てはめて説明すればできるのですが、それは後からの「こじつけ」に過ぎないとぼくは考えています。

　ポイントは、

> 素直に撮りたいものを撮る

これです。構図の決まりがどうの、ライティングのセオリーがどうのと考えるのではなく、モニターを見て気に入った構図になっていればそれで撮影してよいと思います。

　たとえば、ある品物を撮りたいとき、

・この位置から見た絵柄がよい感じ
・この角度からライトを当てるとよい感じ
・こんな小物を置いた方がイメージがよくなる

このように自分の感覚で決めて撮ればよいと、ぼくは考えています。

> 自分がよいと思う位置から、よいと思うアングルで撮る

これが、撮影では一番大切なポイントだと思います。

編集のことを考えて撮ることもある

　撮りたいように撮る、それでよいのですが、編集を考えて撮ることも忘れていません。たとえば、「メインタイトルを配置する位置を考えて撮る」というようなケースです。あるカットの撮影で、「このカットはメインタイトル部分に使いたいな」と思ったら、フレームのどの位置にどのようにタイトルを入れるのかを考えて撮ります。

タイトル位置を考慮していないカット

タイトル位置を考慮して撮ったカット

自分のルールを作る

どのようなシーンでどのようなカットが必要になるか、これから自分で作る動画のイメージを考えながら、構図を決めることもあります。「撮りたいものを、撮りたいように撮る」ということは、何でも自由でよいということではないのです。自分の中で撮影のルールを作ればよいのです。ルールはすぐにはできません。何度も撮影を行い、何度も失敗をすることで自分なりのルールができてきます。

● ストーリーを考えながら短めに撮る

ぼくの場合、1カットを撮るのに「長回し」は、あまりありません。「長回し」というのは途中で撮影をやめず、ずっと録画を続けることです。

基本的に、1つのカットは約4、5秒くらいで撮るようにしています。このように撮ると、編集が楽なのです。編集で大変なのは、129ページにある「トリミング」という作業です。カットの中から必要な映像部分をピックアップする作業なのですが、短めに撮ってあると、カットのクリップを並べるだけでトリミングしなくてOKということが多いので、なるべく短く撮っています。

ただ、すべて短く撮るということではなく、見せたいポイントとなる被写体を撮るときには、時間に関係なく撮ります。また、短いばかりに、トランジション(→P.148)やタイトルを設定するときに困ることもしばしばですが・・・。

いずれにしても、ダラダラと撮るのではなく、短めに撮るように心掛けてます。とはいえ、今回のサンプルとして撮影した「おにぎり」のカットは、長回しのカットが多いですね(笑)。

ストーリーを考えながら撮る

ぼくの場合、撮影前にプロットや絵コンテでストーリーを覚えておき、撮影時にストーリーを思い出しながら撮影します。基本的にストーリーの順番を考慮して撮影します。しかし、撮影の場所や位置によって順番を前後して撮ることはよくあることです。順番はあとから編集で修正すればよいだけですから。

考えたストーリー通りに撮っていくと、それなりの感情の盛り上がりもあります。その感覚は映像にも表現されるのではないかと思ってしまいます。ですから、無理のない程度に、なるべく順番どおりに撮るようにしています。

インサートカットを撮る

覚えた絵コンテのストーリーに無いけどよさそうな被写体を見つけたときには、それもしっかりと押さえて撮っておきます。たとえば、画面のカットは、コーンライスを作る動画を制作したときのものですが、絵コンテではトウモロコシを2つに分けるカットの後に切られたコーンのカットを描いたのです

が、その場でコーンをそぎ落とすカットを撮って加えることで、作業の流れをスムーズに表現しました。

　こうしたカットを「インサートカット」といいますが、撮影が終わってみると、絵コンテでは10カットだったのが結果的に30カットになったりします。インサートカットについてはこのあとで解説していますので（→P.73）、参考にしてください。

◎ 絵コンテではこのような流れ

◎ 仕上がりの流れ

● 手ブレしないように注意

　手持ちの撮影で一番注意しなければならないのは、「手ブレ」です。手持ち撮影の失敗の8割から9割は手ブレです。手ブレを防ぐには、手ブレしないようにカメラを構えることです。手ブレしないカメラの構え方は、利用するカメラや機種によって異なるので、それぞれのマニュアルで確認してください。

三脚は大型から小型まで各種揃えておくとよい

DJIのジンバル「Osmo Mobile 3」
（新機種に変えたいのですが・・・）

　ぼくが手持ちで撮影する場合、「身体全体が三脚」ということを意識しています。立ち方、カメラの持ち方に注意を払い、自分が三脚になったつもりでカメラを構えます。

　また、三脚は使う使わないに限らず、用意しておきたい撮影機材です。手持ちする場合でも、三脚を付けたまま持ち歩いて撮影をします。これは、手ブレを防ぐテクニックとして覚えておいてください。ただし、場合によっては三脚の利用が不可の場合もありますので、確認してから利用しましょう。

　最近はスマートフォンでの撮影機会が増えましたが、スマートフォンでの撮影は手ブレが発生しやすいです。そこで、「ジンバル」と呼ばれる機器を利用しています。ジンバルは電動式の手ブレ補正機で、歩きながらの撮影でも手ブレもピタリと補正してくれます。しかしジンバルの機種によっては、歩くときの上下の揺れには、やや弱いものもあります。

Section
4-3

インサートカットも撮っておこう

必要なカットだけを撮るのではなく、ときには必要とは思われないカットも撮っておくことをおすすめします。こういったカットを「インサートカット」といいます。

● いろいろなカットを撮る

　動画の編集では、前のシーンやカットと後のシーンやカットを切り替える場合、唐突に場面が切り替わることを防ぐために、「トランジション」(→P.148)という効果を利用します。このとき、トランジションと同時にシーンとは関係ない別のカットを入れることがあります。これにより、より効果的な場面転換を行うことができます。

　トランジションを利用するのは、次のようなときです。

　　・前のカットと後のカットで時間が異なる
　　　　→前のカットは午前、後のカットは午後など
　　・前のカットと後のカットで場所が異なる:
　　　　→前のカットは屋内、後のカットは屋外など

　このような場面展開に利用するのが、「インサートカット」です。メインとなるカットとは全く関係のないカットを入れることで、時間や場所の切り替えを効果的に演出することができます。

◎ インサートカット挿入前

ここでは、夜から朝への時間の経過を、カタツムリのカットを入れることで、夜から朝を迎えたという時間の経過をイメージさせています。これが、インサートカットの役割です。

◎ インサートカット挿入後

4-4 知っておくと便利なカメラワーク

撮影時のカメラワークにはいろいろありますが、知っておくと絵コンテを描くときに「ズームイン」と書いておけば、どのような映像が欲しいのかがすぐ伝わります。

● パン

　カメラを左右に振って広い範囲を撮影する方法。これを「パン」と呼びます。基本は、一方向に1回パンする撮り方です。なお、左右に行ったり来たりパンすることがありますが、これを「壁塗りパン」といって初心者がよくやる見づらい映像の代表例です。

● パンフォロー

　動く被写体に合わせてカメラを振りながら撮影する方法を「パンフォロー」といいます。たとえば走る列車を撮る、あるいは動き回る子供やペットなどを撮るときなどに利用します。

ズーム

　拡大したり縮小する撮り方です。効果が絶大な撮り方なので、つい多用しがちですが、必要なときだけに利用するようにしましょう。ちなみに、カメラを動かさずに固定して撮る方法を「フィックス」といいます。

ズームイン
　被写体に近づくように拡大する効果の撮影方法

ズームアウト
　被写体から離れていくように縮小される効果の撮影方法

ズームイン　↑

ズームアウト　↓

ティルト

　高さのある被写体の撮影方法で、下から上にカメラを振る（ティルトアップ）、あるいは上から下へカメラを振る（ティルトダウン）ことで高さを表現します。

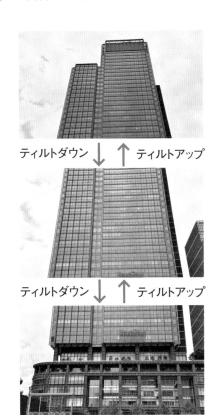

ティルトダウン　↓　　↑　ティルトアップ

ティルトダウン　↓　　↑　ティルトアップ

知ってると便利な画面サイズ

人物などを撮る場合、画面サイズの呼び方を覚えておくと、やはり絵コンテなどでの指示がわかりやすくなります。

●フルショット
頭から足先までの全身のショット

●ニーショット
頭から膝までのショット

●ウェストショット
頭からウエストまでのショット

●バストショット
頭から胸あたりまでのショット

●アップ
頭から肩の線くらいまでを入れたショット

●クローズアップ
アップよりもグッと近づいたショット

音も重要な要素

動画の編集では、音も重要なパートナーです。撮影では音にも十分注意をして欲しいですね。
最低限のポイントをまとめてみました。

● きれいな音で録音するための準備

　撮影を行う場合、「音」にも気を使ってください。イベントなどの撮影では、ビデオカメラ内蔵のマイクでも十分という場合が多いですが、インタビューや講演、講座の収録などでは、カメラ内蔵のマイクでは不十分です。このような撮影では、外部マイクの利用を推奨します。

　とはいえ、利用するカメラによって、どのような外部接続マイクが利用できるのかわかりません。ですので、カタログやマニュアルで利用できるマイクをチェックしてください。とくに、一眼レフカメラでは、マイク接続にいろいろなパターンがありますので、マニュアルチェックは必須です。

　ぼくの場合は、よい音を求めながら、最低限のコストで準備しています。高額なマイクが購入できればよいのですが、そうもいかない台所事情がありますので。

インタビューなどでは

　インタビューなどの撮影では、なるべく取材相手の声をクリアーに録音したいので、カメラのマイクとは別に、ボイスレコーダーを利用しています。利用するビデオカメラによっては、カメラに2種類のマイクを接続できるものもありますが、基本的にはボイスレコーダーです。場合によっては、このボイスレコーダーにピンマイクを接続して録音することもあります。

　ボイスレコーダー以外では、カメラを向けた被写体の音を集中して録音できる「ガンマイク」を利用する場合もあります。ガンマイクも、カメラ専用のガンマイク、どのカメラにも接続できる汎用型ガンマイクを用意しています。

型が古いですが、SONYのリニアPCMレコーダー
「PCM-M10/B」

PCMレコーダーに接続するピンマイク
ソニー「ECM-DM5P」

スナップビデオでは

　街中やキャンプなど野外での撮影は主にビデオカメラを利用していますが、ここにもなるべく音をクリアーに録りたいのでガンマイクをセットして利用しています。

　最近では、スマートフォンでの撮影も多くなりました。そこで、スマートフォン専用のガンマイクも準備しています。

　なお、ビデオカメラや一眼レフカメラの機種によっては、専用のマイクが用意されているものもあります。その場合、専用マイクを利用する方法もあります。

キヤノンのビデオカメラ専用の指向性ステレオマイクロフォン
「DM-100」
このガンマイクとも、10年以上の付き合い

一眼レフカメラにも接続できるRODEのガンマイク
「VideoMic GO」

講座の収録では

オンライン用の講座を作成する場合は、収録用のマイクを利用しています。この場合注意するのは、「ホワイトノイズ」です。これはマイク自体が発生するノイズで、とくに低価格のマイクに多く発生します。ですので、ちょっと高めの（といってもそれほど高くないですが・・・）マイクを利用しています。

zoomなどを利用したリアルタイムオンライン講座では、大きなマイクは邪魔になるので、マイクとヘッドフォンが一緒になったヘッドセットを利用しています。なお、利用しているヘッドセットのマイクがコンデンサーマイクというタイプなので、パソコンと接続するにはマイクに電源供給ができるオーディオインターフェースが必要になります。

講座収録用のマイク「AKG P220」

リアルオンライン講座で利用するヘッドセット
「Audio-Technica BPHS1」

ヘッドセットとパソコンを接続するための
オーディオインターフェイス
「Forcuslight Scarlett 2i2」

4

撮影を行う

　複数のマイクや音響機器を接続して1つにまとめて録音する場合は、オーディオミキサーが必要になります。これも価格やタイプがいろいろあるので、自分の撮影スタイルに合わせて、適切なタイプの機種を選んでください。

　このほか、ミキサーを利用して収録中の音声状態をモニターするためのヘッドフォンや、マイクとミキサーを接続するためのケーブルなども必要になります。

Behringer のオーディオミキサー
「XENYX QX1002USB」

コンデンサータイプのマイクは、XLR
（キャノン）タイプのコネクタが必要にな
る機種が多いので、要注意。

Section 4-6

あると便利な小物たち

撮影時に、こんな物を用意しておくと便利という小物があります。しかし、数が多いので、ここではぼくには便利なグッズを2点ご紹介します。

● 三脚の靴下

インタビューなどでは室内での撮影がほとんどです。この場合、室内に三脚を立てることになります。そのため、三脚で床を傷つける心配があります。そこで、100均で購入した椅子の足用カバーを、三脚の足にセットして利用しています。

これを利用すると、床を傷付けたり汚したりすることもなくなります。とくに和室では、畳を傷つけないための必須アイテムです。

椅子用のソックスが便利

● カラーチェッカー（カラーチャート）

　普段の撮影ではほとんど利用することはないのですが、Log撮影といって、撮影後にカラー補正（カラーコレクション、カラーグレーディング）を行うことを前提にした撮影方法があります。この場合、色を補正する基準カラーとして、カラーチェッカーを利用します。Log撮影を行う場合は必須の小物です。しかし、値段が高いのが玉に瑕。ぼくはなるべく安価なカラーチェッカーを利用しています。

　なお、カラーチェッカーの利用方法についてはネットで詳しく解説されていろので、それらを参考にしてください。（注：Log撮影はできるカメラとできないカメラがあります）

Datacolor のカラーチェッカー「SpyderCHECKR 24」

Chapter 5

動画編集を開始する準備

動画編集のための3つの用語

Premiere Proに限らず、動画の編集を始める前に、知っておきたい3つの用語があります。
この3用語を覚えておくと、動画編集での各種設定がグッと楽になります。

動画編集で覚えておきたい3つの用語

Premiere Proだけでなく、動画編集ではさまざまな設定が必要になります。その場合、たくさんの専門用語を知っておく必要があるのですが、基本的には3つの用語を覚えおけば、あとはなんとかなります。そこで、ここでは3つの用語についてしっかりと覚えてください。

動画ってどうやって動いているの?

用語の解説に入る前に、動画はどのように動きを表現しているのかわかりますか?

実は、動画は「アニメーション」なのです。では、何をアニメーションしているのかというと、「写真」です。

これが動画の正体です。そして、ここに3つの用語が含まれています。それが、**「フレーム」**、**「フレームレート」**、**「タイムコード」**という3つの用語なのです。では、これらについて詳しく解説しましょう。

「フレーム」について

写真をアニメーションさせて動きを表現している動画ですが、このときの写真1枚を動画編集では「フレーム」と呼んでいます。写真には縦、横のサイズがありますが、動画のフレームにも縦、横のサイズがあります。サイズについてはこのあとで解説します。まず、1枚の写真のことを「フレーム」と呼ぶことを覚えてください。

1枚の写真を「フレーム」と呼ぶ

●「フレームレート」について

　動画は、複数のフレームを高速に切り替えて表示することで、動きを表現しています。そして、1秒間に何枚のフレームを表示するかを示したものが、「フレームレート」です。たとえば、ネットやテレビで見ている動画は、一般的に1秒間に約30枚のフレームを切り替えて動きを表現しています。これを、動画編集では、次のように表現しています。

1秒間に30枚のフレームを表示＝30fps

　「fps」というのはフレームレートを表現するときの単位で「エフ・ピー・エス」と読み、「frames per second」の略です。

1秒間に表示するフレームの枚数＝フレームレート

コラム

正確には「29.97fps」

　本文の解説で「約30枚のフレームレート」と解説していますが、正確には「29.97fps」です。なんとも中途半端な数字ですが、これはテレビ放送と関係があります。テレビ放送がモノクロの時代は、フレームレート30fpsで問題なかったのですが、カラー放送が始まると、「モノクロ映像＋カラー信号」を送る必要が出てきました。しかし、30fpsではきちんと映像を送ることができなかったけど、調べたら29.97fpsならきれいに送ることができたのです。そのときから、カラー映像のフレームレートは29.97fpsというのが標準化されたのです。

● タイムコード

　動画編集では、動画を適当な位置で分割する作業が頻繁に行われます。このとき、どのフレーム位置で分割するのか位置を指定する必要があります。ここで利用されるのが、「タイムコード」です。いわば、特定のフレームを指定するための「物差し」ですね。

タイムコードでフレームを指定する場合、先頭（0秒の位置）から数えて何枚目のフレームなのかで指定します。このとき、フレームを枚数で指定してもよいのですが、1時間、2時間と長いデータでは、フレームの枚数値がとんでもない数になってしまいます。

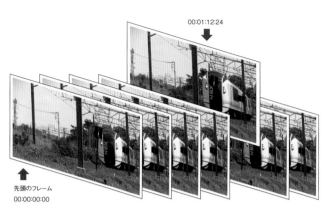

00:01:12:24

先頭のフレーム
00:00:00:00

そこで利用されるのが、「時間軸」というあまり聞き慣れない用語です。これは、先頭のフレームから何秒目に位置するフレームなのかを示しています。

たとえば、上図では、先頭から数えて1分12秒24フレーム目のフレームだと表記しています。この場合、2桁の数字を4個使って次のように表現しています。

00：01：12：24
時　　　分　　　秒　フレーム数

もちろん、先頭から1284枚目なので「1284」という表記でも編集できますが、通常は、この時間軸を利用します。

MEMO

フレームのサイズと4K

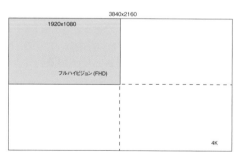

3840x2160

1920x1080

フルハイビジョン (FHD)

4K

現在、画質がよい動画として「4K」（よんけい）が注目されています。この4Kというのは、フレームサイズが元になっています。

本書のサンプルは「フルハイビジョン形式」と同じフレームサイズの「MP4」（えむぴーふぉー）形式の動画データです。この場合のフレームサイズは「1920×1080」です。そして、4Kは「3840×2160」というサイズになります。このとき、横のサイズが3840と約4000なので、1000＝1Kとういことから4Kと呼んでいます。また、縦横がハイビジョンの2倍ですね。したがって、面積は4倍になります。

なお、このときの単位は「px」（ピクセル）です。ピクセルというのは「画素」のことですね。フルハイビジョンの場合は、横に1920個、縦に1080個の画素が並んでいることになります。

● 写真で作るアニメーション

　ここで、JPEG形式の連続写真で作成したアニメーション、GIFアニメをご紹介します。これは、6枚のJPEG形式の写真をPhotoshopに読み込み、Photoshop上でGIFアニメとして作成したデータです。スクールなどのリアル講座では、動画が写真から作られている例として紹介しています。

　この写真、1枚目から5枚目までは0.2秒間隔で表示し、最後の1枚は1秒表示しています。したがって、6枚のフレームを約2秒で表示していることになります。GIFアニメは、サンプル「GIF_anime.gif」として保存してありますので、Webブラウザーにドラッグ＆ドロップして参考にしてください。

Photoshop で GIF アニメを作成

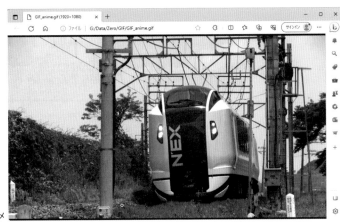

作成した GIF アニメ

編集素材を準備する

これから編集する素材は、わかりやすい特定のフォルダーに保存しておきます。
ここでは、サンプルデータを元に、素材の準備について解説します。

● システムディスクとは別のドライブに準備

　動画を編集する場合、素材データはWindowsやmacOSがインストールされているドライブとは別の、外付けされたドライブに保存する事をおすすめします。

　外付けドライブをおすすめする理由は、WindowsなどのOSが起動しなくなった場合の対応を考えてです。最悪の場合、OSが起動しないとOSと同じドライブに保存されている映像や編集結果などのデータが利用できなくなる可能性があるからです。業者に頼んでレスキューして貰うことはできますが、高額な費用を覚悟しなければなりません。ですので、できる限り外付けのドライブを利用してください。

専用のフォルダーを作成する

　今回は、「おにぎり」というテーマで動画を編集しますので、まずおにぎり用のフォルダー「Onigiri」を新規に作成してください。そのフォルダー内に、ダウンロードしたフォルダー「Sample」の中にある「Morning_V」と「Onigiri_V」という2つのフォルダーをコピーしておきます。このフォルダーには、それぞれ動画データが保存してあります。

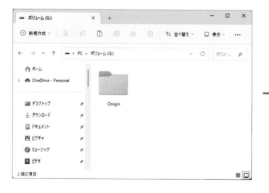 →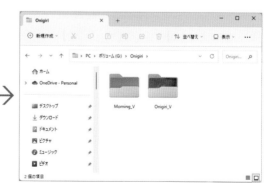

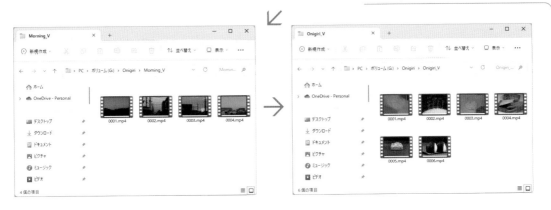

なお、この後もPremiere Proでさまざまなファイルが作成されますが、それらもまとめて「Onigiri」フォルダーに保存する方法で解説しています。

これから作成する動画

本書では、サンプルの「Morni_V」と「Onigiri_V」にある動画素材を利用し、「おにぎり」とういショートムービーを作ります。その手順を解説することで、Premiere Proの基本操作を覚えます。

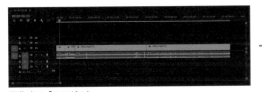

編集中の「おにぎり」

出力したショートムービー「おにぎり」

「おにぎり」の完成形はYouTubeのチャンネルで確認できます。なお、本書のサンプルデータは、完成形を構成する動画データの一部です。

YouTubeで確認できる

https://www.youtube.com/watch?v=jT3GQ2MifHI

Home画面での最初の作業

Premiere Proでの最初の作業は、Home画面でプロジェクトファイルを選択することです。これはとても簡単で、単純にボタンかファイル名をクリックするだけです。

● Premiere Proを起動する

　Premiere Proを起動してみましょう。Windows、Macそれぞれの方法でPremiere Proを起動してください。「Home」画面と呼ばれる画面が表示されます。初めてPremiere Proを起動した場合はこのような中央にイラストがある画面が表示されますが、次回からはイラスト部分にプロジェクトファイル名が表示された画面（ファイルを選んで編集を再開）が表示されます。

最初だけ表示される画面

● 新しい動画ファイルの作成を開始するなら

　Premiere Proで新しい動画ファイルを編集・作成する場合は、ウィンドウ左上にある「新規プロジェクト」をクリックします。

ファイル(F)　編集(E)　クリップ(C)　シーケンス(S)　マーカー(M)　グラフィックとタイトル(G)　表示(V)　ウィンドウ(W

編集作業を再開するなら

　保存してある動画の編集作業を開始する場合は、画面中央に表示されているプロジェクトファイル名をクリックします❶。一覧にファイル名がない場合は、画面左上にある「プロジェクトを開く」をクリックしてください❷。

「読み込み」画面で作業環境を整える

「読み込み」画面が表示されたら、編集を開始するための作業環境を整えます。ここでの作業次第で、この後の編集作業がスムーズに行えるかどうかが決まります。

● 「読み込み」画面で行う作業

　「Home」画面で「新規プロジェクト」をクリックすると、「読み込み」画面が表示されます。ここでは、これから編集する動画の作業環境を設定します。ここでの設定を間違えると、この後の編集で無駄な作業が増えてしまうので、自分で一番やりやすい方法を見つけてください。ここでは、ぼくの作業手順を紹介します。

　ぼくの場合、「読み込み」での作業は、画面に示した番号順に進めます。

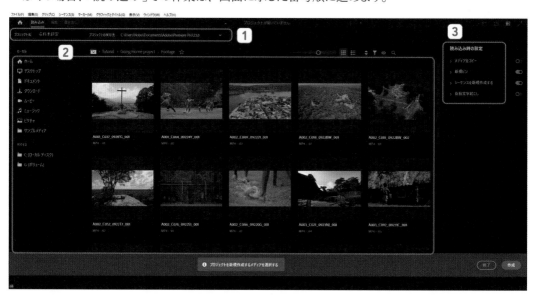

1 プロジェクトファイル名と保存先を設定

　これから作成する動画ファイルのプロジェクト名と、そのプロジェクトファイルを保存する場所を決めます。

❶ プロジェクト名を入力

❷ ［∨］をクリック

❸ 「場所を選択...」をクリック

5

動画編集を開始する準備

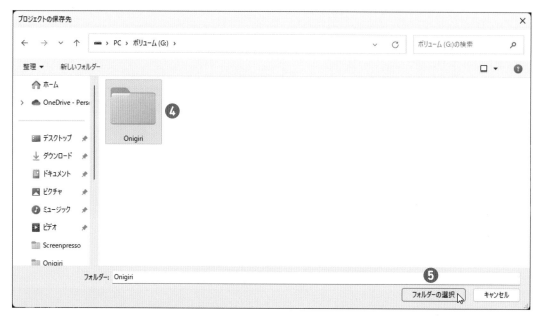

❹ 90ページで作成したフォルダーを選択

❺ 「フォルダーの選択」をクリック

↓

❻ 保存先が設定される

[2] 素材の表示と選択

　これから編集する素材データを画面に表示します。

① フォルダーのあるドライブをクリック

② データが保存されているフォルダーをダブルクリック

③ どちらか一方をダブルクリック

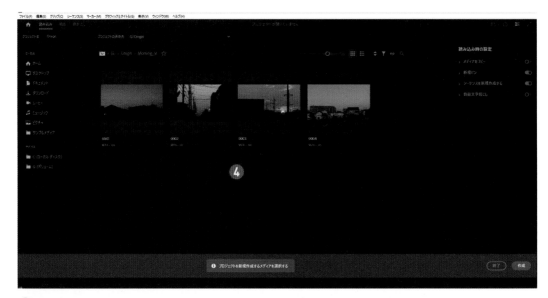

❹ 動画素材（メディア）が表示される

POINT

フォルダーを選択しないように

フォルダーをクリックするだけだと、選択状態になって青色で表示されます。この状態ですと、フォルダー内にある全てのデータが読み込まれてしまいます。ここではフォルダーを選択しないように注意してください。選択してしまった場合は、もう一度クリックして選択を解除します。

⑤ 1つだけ素材をクリック

⑥ 選択した素材のサムネイルが表示される

3 「読み込み時の設定」を行う

　「読み込み時の設定」で、読み込んだ素材の管理方法と、シーケンスの作成について設定を行います。重要な設定ですので、間違えたら自分でやりやすい方法を見つけましょう。なお、シーケンスについては、120ページで解説しています。

「新規ビン」の設定

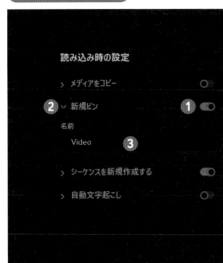

読み込んだデータを保存するフォルダー名を決めます。

❶ クリックしてオンにすると青く表示される

❷ クリックして展開

❸ 名前を入力

Premiere Proでは、フォルダーのことを「ビン」と呼んでいます。

シーケンスとはPremiere Proで編集を行うメインの作業領域です。その作業領域の作成を有効にし、名前を設定します。

❶ クリックしてオンにする

❷ クリックして展開

❸ 名前を入力

❹ 「文字起こし」はオフのままにする

POINT
シーケンスの名前は、動画内容が推測できる名前にします。ここでは、解説の都合上デフォルトのままで利用しています。

❺ 「作成」をクリック

↓

❻ 「編集」画面に切り替わる

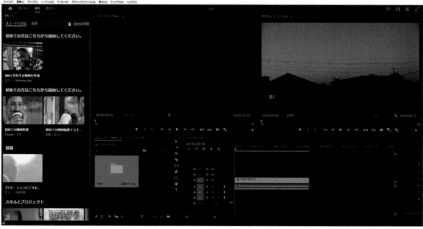

カット編集の基本操作

6-1 ワークスペースの切り替え

Premiere Proの「編集」画面では、ワークスペースの切り替えが必須です。
ここでは、ワークスペースについてと、切り替え方法を解説します。

● ワークスペースについて

　Premiere Proで動画編集を行う画面を「編集」画面といいます。編集画面は、それぞれ専用の機能を持った「パネル」と呼ばれるウィンドウが複数集まったグループで構成されています。グループが集まって構成されているのが「ワークスペース」です。

　そして、ワークスペースは作業内容により切り替えることで、構成するグループを変更できます。

　初めてPremiere Proを起動して「読み込み」画面から「作成」をクリックして表示された編集画面は「学習」と呼ばれるワークスペースです。ワークスペースの「学習」では、画面左に「チュートリアル」というパネルがあり、ここでPremiere Proの基本操作などのチュートリアルビデオを見ながら、右の編集画面で編集を行うことができます。

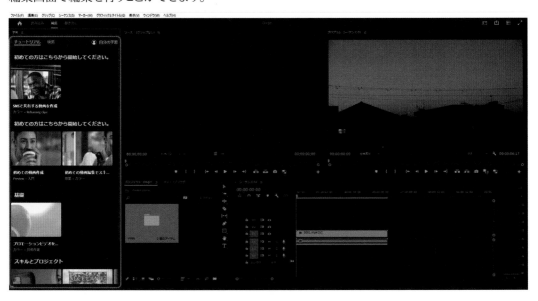

　ただし、この画面はあくまで学習用のワークスペースなので、編集作業には適しません。通常の編集作業を行うには、「編集」というワークスペースがおすすめです。

ワークスペースを切り替える

ワークスペースを、通常編集を行う「編集」ワークスペースに切り替えてみましょう。

1⃣ 切り替えメニューを表示する

　ワークスペース切り替え用のメニューを表示します。

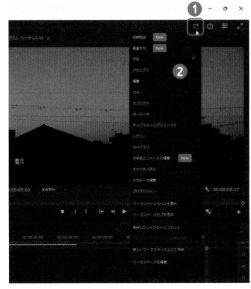

❶「ワークスペース」をクリック
❷ メニューが表示される

2⃣「編集」を選択する

　メニューにある「編集」をクリックすると、ワークスペースが切り替わります。

・「編集」をクリック

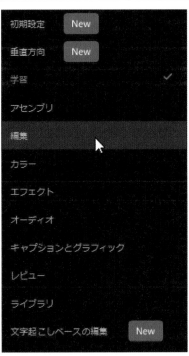

6

カット編集の基本操作

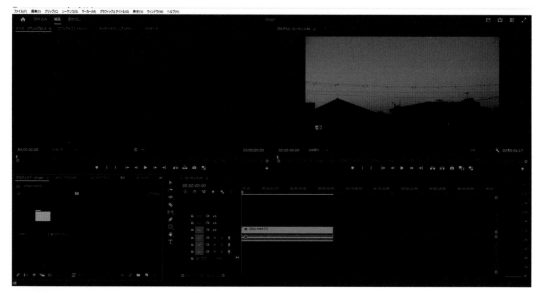

・「編集」ワークスペース

「初期設定」ワークスペース

ワークスペースにはさまざまなデザインタイプが用意されており、最近追加されたのが「初期設定」ワークスペースです。これに切り替えると、モニター画面の左右いっぱいにシーケンスパネルが表示されます。実は、このデザインが欲しくて、自分で編集画面をデザインして、オリジナルレイアウト画面を登録していたので、嬉しい限りです。

「初期設定」ワークスペース

ワークスペースをリセットする

ワークスペースは複数のパネルを組み合わせて構成されています。このパネルは移動やサイズ変更ができるのですが、意図せずに変わったり移動してしまった場合、元の状態にリセットすることができます。

① リセットを選択する

うっかりワークスペースのデザインが変わってしまった場合は、ワークスペースの切り替えメニューから「保存したレイアウトにリセット」を選択してください。デフォルト（初期状態）のデザインに戻ります。

6

カット編集の基本操作

MEMO

【教室から】

受講中に講師の画面と自分の画面の構成が違うという質問がときどきあります。その場合のほとんどが、パネルサイズが変わってしまった、あるいはパネルを閉じてしまったというようなケースです。その場合は、「保存したレイアウトにリセット」を実行してもらいます。

Premiere Proの編集画面

動画編集のメイン画面となる「編集」ワークスペースの機能と名称を確認しておきましょう。
機能が豊富ですが、必要な機能をピックアップして解説します。

●「編集」ワークスペースの機能と名称

ワークスペースの「機能」は、動画編集に必要なパネルで構成されています。主なパネルの機能と
名称を確認してみましょう。

① メニューバー

Premiere Proで利用できるすべてのコマンドを選択、実行する

② Home

「Home」画面に切り替える

③ 読み込み

「読み込み」画面に切り替える

④ 編集

「編集」画面に切り替える

⑤ 書き出し

「書き出し」画面に切り替える

⑥ ワークスペース

ワークスペースメニューを表示する

⑦ クイック書き出し

「編集」画面から動画ファイルを書き出すメニューを表示する

⑧ 進行状況ダッシュボードを開く

これまでの編集作業内容を表示する

⑨ フルスクリーンビデオ

画面をフルスクリーンモードに切り替える

⑩「ソースモニター」グループ

素材データを再生するモニターのほか、「エフェクトコントロール」パネルなどでグループが構成されている

⑪「プログラムモニター」グループ

「シーケンス」パネルで編集中の映像が表示される

⑫「プロジェクトパネル」グループ

素材を管理する「プロジェクト」パネルのほか、複数のパネルでグループを構成

⑬「ツール」パネル

編集で利用するツールがアイコンで登録されているパネル

⑭「タイムライン」パネル

タイムラインパネルにシーケンスパネルを表示し、そこで編集作業を行う

⑮ オーディオメーター

動画を再生したときの音声レベルがグラフで表示される

⑯ ステータスバー

警告などが表示される領域

「環境設定」を行う

Premiere Pro での編集作業を開始する前に、環境設定を行いましょう。
スムーズに編集作業をするために必要な設定です。

● ビンの表示方法を設定

　Premiere Pro では、データを管理するフォルダーのことを「ビン」と呼びます。ビンはダブルクリックして開きますが、どのように開くかがポイントになります。デフォルトでは、ビンをダブルクリックすると「新規タブで開く」に設定されています。これを、「同じ場所で開く」に変更しておくことで、狭いグループエリアをさらに狭くしなくて済みます。

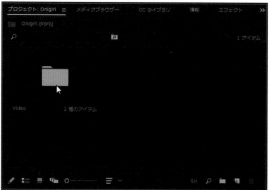

ビンをダブルクリック

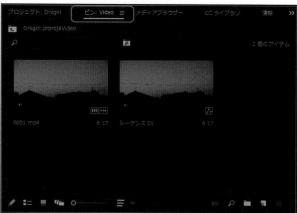

新規タブで開く

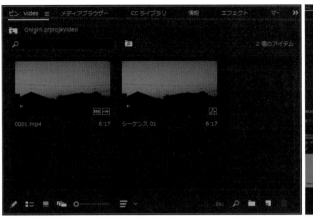

同じ場所で開く

新規ウィンドウで開く

1 「環境設定」の「一般」を表示する

メニューバーから「編集」→「環境設定」→「一般」を選択します（Macの場合は「Premiere Pro」→「環境設定」→「一般」）。

2 「ビン」の設定を変更する

　「ビン」の設定オプションを、プルダウンメニューから変更します。ここでは、「ダブルクリック」は「同じ場所で開く」に設定変更してください。残りの2つは自由に設定してOKです。

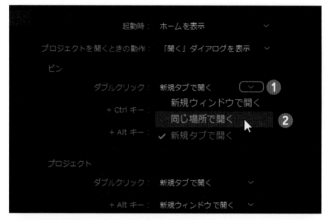

❶ クリック
❷ 選択する

↓

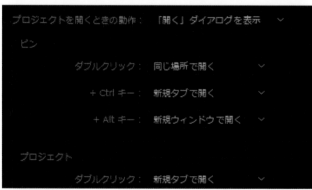

このように設定
（+Ctrl、+Alt は自由に設定してOK）

↓

このまま、次の「自動保存の設定」へ進みます。

自動保存の設定

　「自動保存」というのは、シーケンスを一定間隔ごとに自動保存する機能です。デフォルトで機能が有効になってますが、この間隔は自分の利用スタイルに合わせて変更してください。

1 「自動保存」を表示する

　「環境設定」パネルの左の欄で「自動保存」をクリックします。

110

[2] 設定を変更する

　「ローカルプロジェクト」の「プロジェクトを自動保存」のオプションを、次のように変更します。変更したらパネル右下にある「OK」をクリックします。

- **・自動保存の間隔：5分**
- **・プロジェクトバージョンの最大数：5**

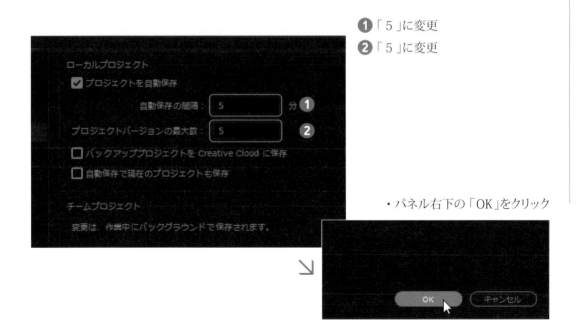

❶「5」に変更
❷「5」に変更

・パネル右下の「OK」をクリック

「プロジェクトバージョン」について

●プロジェクトバージョンとは

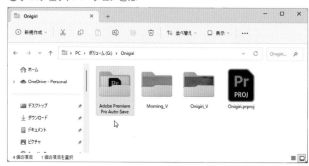

　「プロジェクトバージョン」というのは、自動保存されるプロジェクトファイルと同じファイルを、ファイル名にタイムスタンプを付けて保存されたものです。今回の設定では、5分間隔でプロジェクトファイルが保存されますが、そのとき、同時にもう一つタイムスタンプ付きのファイルが保存されます。5個目のファイルが保存されると次に保存するときには古いファイルから上書きされ、常に5個のファイルが保存されます。

　なお、プロジェクトバージョンは、自動的に作成された「Adobe Premiere Pro Auto Save」というフォルダー内にあります。

・このフォルダー
・通常のプロジェクトファイル

$\downarrow$

・プロジェクトバージョンのファイル

●プロジェクトバージョンの利用方法

　プロジェクトバージョンのファイルは、パソコンがフリーズなどした場合、自動保存されたプロジェクトファイルをダブルクリックすれば編集を再開できます。また編集前の元の状態に戻したい場合、プロジェクトバージョンのファイルを利用すれば、5分前、10分前と、プロジェクトバージョンが5個の場合は、最大25分前まで戻って再編集できます。

　自分の利用環境に合わせて間隔やファイル数を調整してください。

素材を追加で読み込む

編集で必要な素材は、いつでも追加で読み込むことができます。ここでは、動画ファイル単体、そしてフォルダーごと読み込む方法について解説します。

● ファイル単位で追加読み込みする

「読み込み」画面で選ばなかった他の動画ファイルを読み込んでみましょう。

1 フォルダーを開く

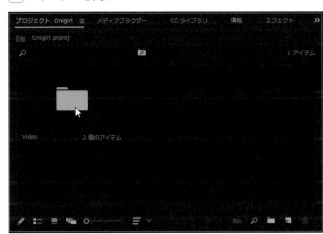

プロジェクトを開くときに作成されたビンの「Video」をダブルクリックして開きます。

・ダブルクリック

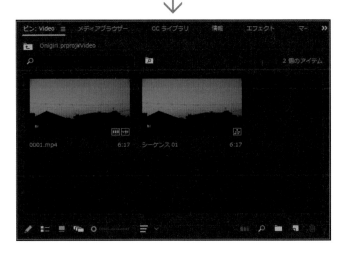

6

カット編集の基本操作

② 「読み込み」画面に切り替える

編集画面左上の「読み込み」をクリックして、「読み込み」画面に切り替えます。

3 ファイルを選択する

　プロジェクトの設定時に開いたフォルダーを開き、読み込まなかった動画ファイルをクリックして選択します。

4 「読み込み時の設定」を行う

　「読み込み時の設定」では、「新規ビン」、「シーケンスを新規作成する」をオフにし、「読み込み」をクリックします。

❶ オフにする
❷ オフにする
❸ クリック

5 ファイルが読み込まれる

「1」の操作で開いたビンに、選択した動画データが読み込まれます。

● 動画ファイルをフォルダー作成して読み込む

　次に、サンプルの「Onigiri」フォルダーのデータを、「おにぎり」というフォルダーを作成して読み込んでみましょう。

1 ルートに戻る

「Video」というフォルダー内にいる場合、プロジェクトパネルの左上にあるフォルダー型のアイコンをクリックして、ルート（階層構造の一番上）に戻ります。

・クリック

②フォルダーを選択する

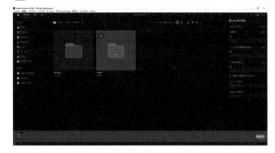

「読み込み」画面に切り替え、サンプルで利用していない「Onigiri」フォルダーをクリックします。選択すると、左上のチェックボックスがオンになります。

③「読み込み時の設定」を行う

　「読み込み時の設定」では、「新規ビン」をオンにしてビンの名前を入力します。画面では「おにぎり」としました。

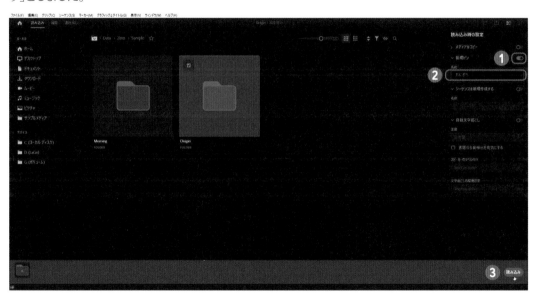

❶ オンにする
❷ 名前を入力
❸ クリック

④データが読み込まれる

　「おにぎり」フォルダーが作成され、中にデータが保存されています。

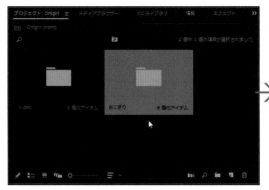 

データの読み込みについて

Premiere Proで編集するデータを、「データを読み込む」、「データを取り込む」といいますが、実際にデータファイルを取り込んでいるわけではありません。Premiere Proは、どこのドライブの、どのフォルダーにある、何というファイル名のデータなのか、という情報を持っているだけです。これを「ルート情報」などと呼ぶこともあります。

したがって、保存先のデータファイルを移動、削除、名前変更などすると、「リンク切れ」という状態になりますので、こうした操作は行わないでください。

● 素材をプレビューする

プロジェクトパネルに読み込んだ動画素材をプレビュー（事前に内容を確認）し、利用するかどうか判断します。プレビュー方法はいろいろありますが、ここでは2種類の方法を紹介します。

1 スクラブで確認

プロジェクトパネルに表示されている素材のサムネイルにマウスを合わせ、左右にドラッグします。このとき、マウスのボタンを押す必要はありません。これで、クリップをプレビューできます。このような操作を、「スクラブ」といいます。

POINT サムネイルをクリックすると、サムネイルの下にスライダーが表示されます。これをドラッグしてもプレビューできます。

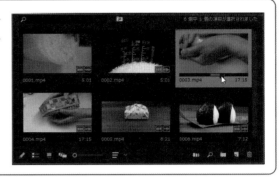

2 サムネイルをダブルクリック

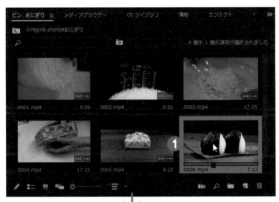

サムネイルをダブルクリックすると、「ソース」モニターに映像が表示されます。ここの再生ヘッド ❷ やコントローラー ❸ を利用すると、大きな映像でプレビューできます。

❶ ダブルクリック
❷ 再生ヘッド
❸ コントローラー

ところで「シーケンス」って何だろう？

何気なく使ってきた「シーケンス」ですが、ここでシーケンスについて解説します。
Premiere Proでメインとなるパネルですので、しっかりと理解してください。

● シーケンスの機能と名称

「シーケンス」とは、「編集」ワークスペースを「調理場」に例えると、「タイムライン」パネルが「調理台」で、シーケンスはその台の上に置いた「まな板」です。このまな板の上で、動画やテキスト、音楽データなどを編集します。

シーケンスも非常に多機能なパネルなので、ここでは主な名称と機能について解説します。

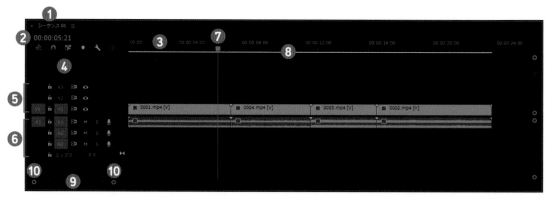

❶ シーケンスタブ

シーケンスの名前を表示。名前の左にある［×］をクリックすると、シーケンスが閉じられる。閉じたシーケンスは、プロジェクトパネルでダブルクリックして再度開ける

❷ 現在のタイムコード

再生ヘッド位置のフレームのタイムコードが表示される

❸ タイムラインルーラー

フレームのタイムコードが、左端の「00:00:00:00」から時間軸として表示されている

❹ トラックヘッダー

トラックの表示、非表示、ロックなど、トラックを操作するボタンがある

❺ ビデオトラック（「V」トラック）

動画データを配置するトラック。「V1」がメイントラック、それ以外を「オーバーレイトラック」（合成トラック）という

⑥ オーディオトラック（「A」トラック）

音声データを配置するトラック。「A1」がメイントラック。

⑦ 再生ヘッドと編集ライン

動画を再生するためのヘッド。編集作業位置は、再生ヘッドから伸びる編集ラインで確認できる

⑧ レンダリングバー

スムーズに再生できるかどうかを示す目印のバー

⑨ スライダー

スライダーを左右にドラッグしてタイムラインルーラーの表示位置を変更する

⑩ ズームボタン

タイムラインルーラーの表示を、拡大・縮小する

●「シーケンス」は本の「章」のようなもの

「シーケンス」を書籍などの本に例えると、「章」に該当します。たとえば、「日本の美」という本を作るとします。これを、「日本の美」という動画を作る例と比較してみます。

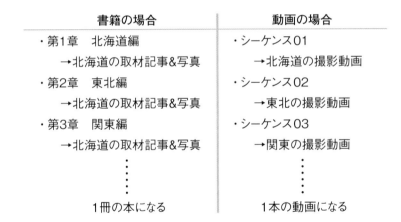

書籍の場合	動画の場合
・第1章　北海道編	・シーケンス01
→北海道の取材記事＆写真	→北海道の撮影動画
・第2章　東北編	・シーケンス02
→北海道の取材記事＆写真	→東北の撮影動画
・第3章　関東編	・シーケンス03
→北海道の取材記事＆写真	→関東の撮影動画
：	：
1冊の本になる	1本の動画になる

こんなイメージですね。

なお、複数のシーケンスを1つの動画として出力するには、それらのシーケンスを別のシーケンスに素材として並べることで、1本の動画として出力できます。ただし、通常は「シーケンス01」という1つのシーケンス内で間に合いますし、本書でもその方法で解説します。

レイヤー 04（日本の美）

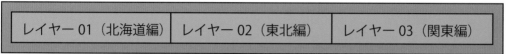

レイヤー 01（北海道編）	レイヤー 02（東北編）	レイヤー 03（関東編）

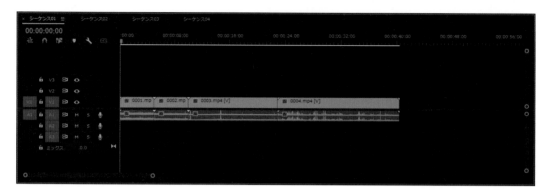

・各地のシーケンスを作成

・別のシーケンスに、・のシーケンスを素材として配置
・「シーケンス04」を動画ファイルとして出力する

 POINT　シーケンスは、別のシーセンスに1つの素材として配置できます。

　シリーズ化した動画を作る場合、「イントロ」、「本編」、「エンディング」などの名前でシーケンスを作成すれば「本編」だけを作成すればよいので、作業効率がアップします。

Section 6-6

トラックにクリップを配置する【初級編】

ここでは、シーケンスのトラックに動画素材を配置する方法について解説します。
配置方法はいろいろありますが、もっとも基本的なドラッグ＆ドロップによる方法から解説します。

● トラックに配置

プロジェクトパネルに取り込んだ動画素材を、ドラッグ＆ドロップでシーケンスのトラックに配置してみましょう。なお、トラックに配置した素材を「クリップ」と呼びます。

1 ドラッグ＆ドロップで追加する

プロジェクトパネル「Video」に取り込んだ動画から、利用したいものを、シーケンスのビデオトラック「V1」にドラッグ＆ドロップします。このとき、すでにあるクリップの後ろにピタリと付けて配置します。

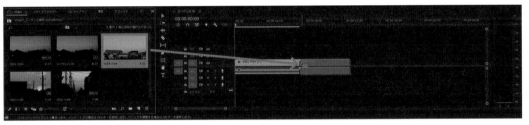

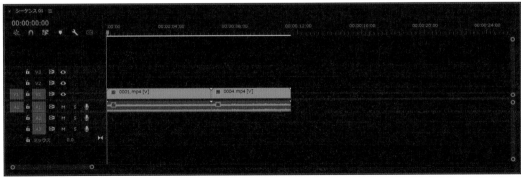

POINT

シーケンスには「スナップ」という機能があり、クリップが一定の距離に近づくと、ピタッと磁石のように吸い付きます。

TIPS

間を空けないように配置

クリップを配置する場合は、クリップとクリップの間が空かないように配置してください。これを「ギャップ」といいますが、動画編集では厳禁です。ギャップがあると、画面が黒く表示されてしまいます。

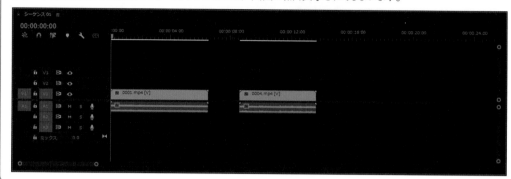

クリップの挿入

トラックに配置したクリップとクリップの間に、別のクリップを挿入してみましょう。このとき、上書きしないように注意します。

① Ctrl キーを押しながらドラッグ

クリップとクリップの間に別のクリップを挿入したい場合は、挿入したいクリップをキーボードの Ctrl（Mac：command）キーを押しながらドラッグします。そのままクリップとクリップの接合点（「編集点」という）でドロップします。

・Ctrl キーを押しながらドラッグ

・白い△が表示される

・編集点でドロップ

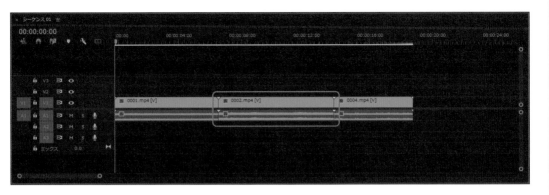

・挿入される

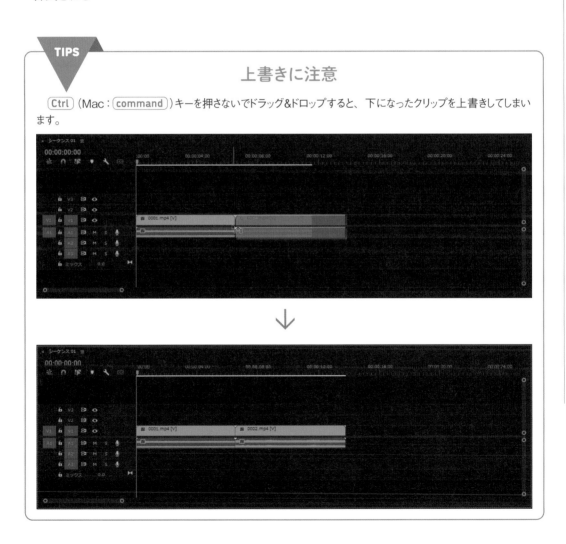

TIPS

上書きに注意

Ctrl（Mac：command）キーを押さないでドラッグ&ドロップすると、下になったクリップを上書きしてしまいます。

プロット、絵コンテを参照する

トラックにクリップを配置する場合、Chapter 3で解説したプロットや絵コンテにしたがってクリップを配置します。それは、絵コンテにはストーリーがあるからです。再生して、不都合があれば127ページの方法でクリップを入れ替えたり、削除したりします。

SCENE					

TITLE　愛のある　おにぎり　　　　　　　　　Page: 1

CUT	PICTURE	ACTION	DIALOGUE	Time
		窓からの早朝		
		早朝の道路		
		カップからお米		
		お米のアップ		
		ラップの上に ごはんとうめぼし		

絵コンテをベースに配置する

STACK

126

Section
6-7

クリップの並べ替え

トラックに配置したクリップの順番を入れ替える、いわゆる「並べ替え」は、クリップを上書きしたり、あるいはギャップが発生しないように操作する必要があります。

● クリップの入れ替え

トラックに配置したクリップの順番を変更してみましょう。

[1] 編集点にドラッグ&ドロップする

画面では、「0001」「0002」「0004」と順にクリップが並んでいますが、これを入れ替えてみましょう。この場合、「0004」を「0001」と「0002」が接続する編集点にドラッグ&ドロップします。

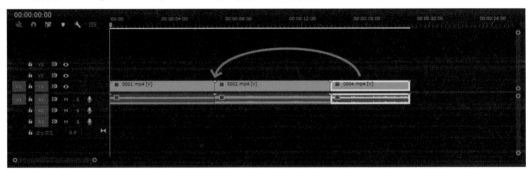

[2] Ctrl + Alt キーでドラッグ&ドロップする

クリップをドラッグする場合は、Ctrl + Alt (Mac：command + option)キーを押しながらドラッグします。

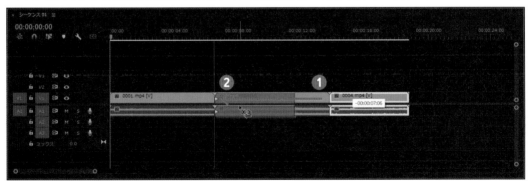

❶ 編集点にドラッグ&ドロップ
❷ 白い△が表示される

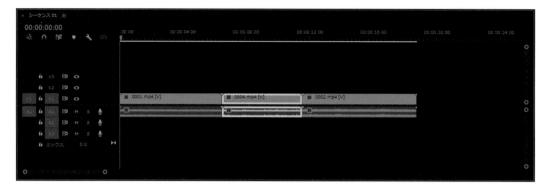

・入れ替わる

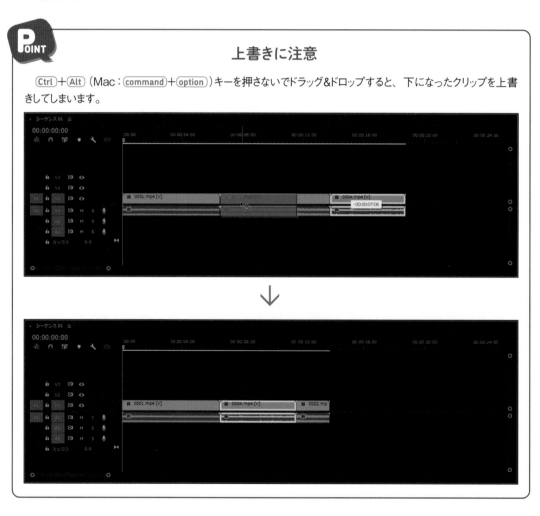

POINT

上書きに注意

[Ctrl]＋[Alt]（Mac：[command]＋[option]）キーを押さないでドラッグ&ドロップすると、下になったクリップを上書きしてしまいます。

↓

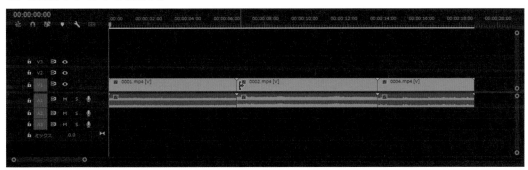

Section 6-8

クリップをトリミングする

トラックに配置したクリップから必要な映像部分をピックアップしたり、必要な再生時間に調整する作業を「トリミング」といいます。その基本的な操作を解説します。

● ドラッグでトリミング

トラックに配置したクリップから必要な映像部分だけを残す、あるいは必要なデュレーション（再生時間）に調整する作業を「トリミング」といいます。

- ・必要な映像部分をピックアップする
- ・必要なデュレーションに調整する

①先頭にマウスを合わせてドラッグする

トリミングしたいクリップの先頭にマウスを合わせると、赤い矢印に変わります。そのままドラッグすると、先頭がトリミングされます。

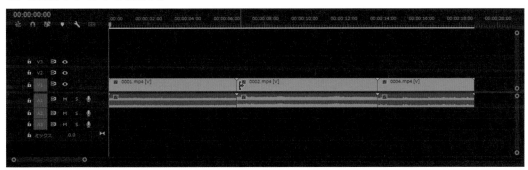

・マウスを合わせる

↓

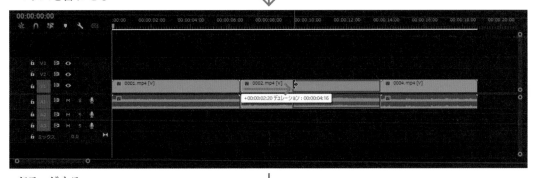

・ドラッグする

↓

・トリミングされる

② ギャップを削除する

ギャップが発生するので、これを削除します。ギャップをクリックして選択し、Delete キーで削除します。

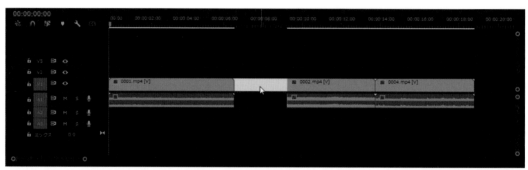

・クリックして選択

↓

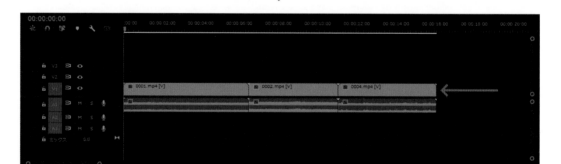

・Delete キーで削除

● ギャップを発生させないでトリミング

ドラッグでトリミングする際に「リップルツール」を利用すると、ギャップを発生させないでトリミングができます。

①「リップルツール」を選択する

ツールパネルで「リップルツール」を選択します。

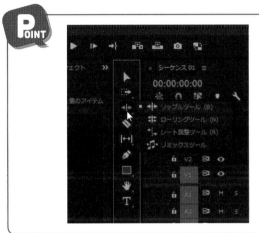

長押ししているとサブメニューが表示され、他のツールを選択できます。

② 先頭にマウスを合わせてドラッグする

トリミングしたいクリップの先頭にマウスポインターを合わせると、黄色い矢印に変わります。そのままドラッグすると、先頭がトリミングされます。トリミング後は空きが自動的に詰められ、ギャップが発生しません。

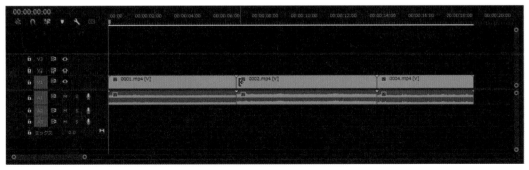

・マウスを合わせる

・ドラッグする

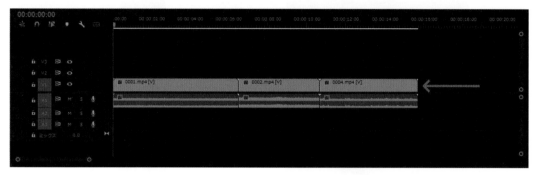

・トリミングされる

・ギャップは発生しない

③ 選択ツールに持ち替える

ツールパネルで選択ツールに持ち替えます。

 TIPS

ショートカットキーでトリミング

ショートカットキーの Ctrl （Mac： command ）キーを押しながらドラッグすると、赤い矢印が黄色に変わり、リップルツールとして利用できます。トリミング後に Ctrl キーを離すと、選択ツールに戻ります。この方法だと、いちいちツールを選択する必要がありません。

B キーもリップルツールのショートカットキーですが、V キーを押して選択ツールに切り替えます。

なお、ショートカットキーは半角モードで利用してください。全角モードでは利用できません。

W と Q のショートカットでスピーディにトリミング

ショートカットキーの W と Q キーを利用すると、ドラッグの必要もなく、ギャップも発生させないでトリミングができます。ぼく的には、この方法がおすすめです。

① 先頭のトリミング位置を決める

再生ヘッドをドラッグし、プログラムモニターをみながら先頭位置を見つけます。画面では、青い編集ラインより左が不要、右が必要な範囲です。

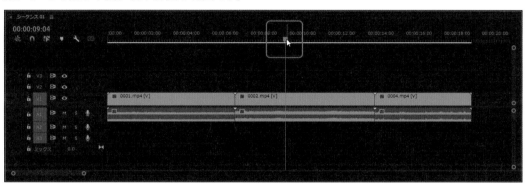

・再生ヘッドをドラッグ

・映像で位置を確認する

2 Q キーを押す

キーボードの Q キーを押すと、再生ヘッドの編集ラインからクリップ左側が削除され、自動的に詰められます。

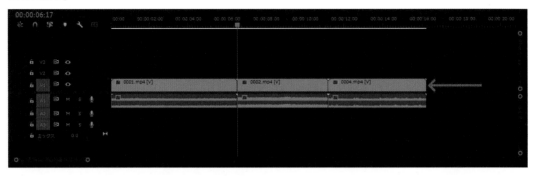

3 末尾のトリミング位置を決める

再生ヘッドをドラッグし、末尾の位置を決めます。

・再生ヘッドを合わせる

4 W キーを押す

キーボードの W キーを押すと、再生ヘッドの編集ラインから右側が削除され、自動的に詰められます。

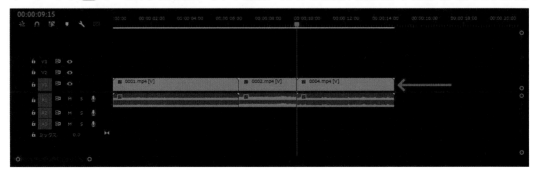

トラックにクリップを配置する【プロおすすめ編】

トリミング作業は編集作業の中でも最も時間の掛かる作業です。そこで、スピーディーなトリミング作業を目指したいです。それが「ソース」モニターを利用したトリミングです。

● トリミングと配置を行うことができる

　トリミングの基本は、前節Section 6-8で解説したドラッグ、そしてショートカットキーを利用した方法です。しかし、よりスピーディなトリミングを行いたい場合は、「ソース」モニターを利用します。この場合、クリップをトラックに配置してトリミングを行う必要はありません。

[1] 素材を選択する

プロジェクトパネルで、利用したいクリップを選択します。ここでは、113ページで後から読み込んだ素材を利用してみましょう。

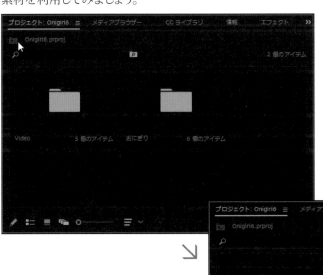

・ルートに戻る
・ビンをダブルクリック

・素材をダブルクリック

② モニターでプレビューする

ダブルクリックした動画素材が「ソース」モニターに表示されるので、コントローラーや再生ボタンで内容をプレビューします。

・ソースモニターに表示される
・プレビューする

③ 開始位置を決めて「インをマーク」する

再生ヘッドをドラッグして、必要な映像の開始位置を見つけます。見つけたら、コントローラー部分にある「インをマーク」をクリックします。これで、「イン点」がタイムラインにマークされます。

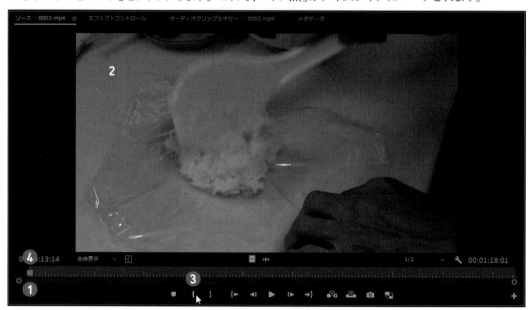

❶ ドラッグする
❷ 開始位置を確認
❸ 「インをマーク」をクリック
❹ イン点が設定される

[4] 終了位置を決めて「アウトをマーク」する

再生ヘッドをドラッグして、必要な映像の終了位置を見つけます。見つけたら、コントローラー部分にある「アウトをマーク」をクリックします。これで、「アウト点」がタイムラインにマークされます。これで、必要な範囲が選択できました。

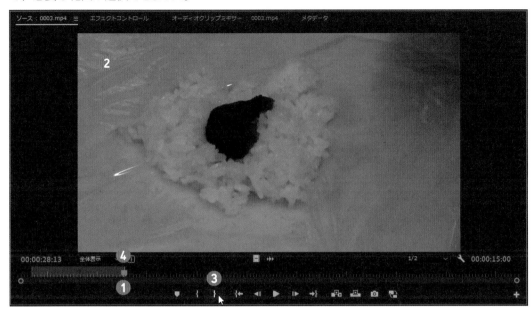

① ドラッグする

② 終了位置を確認

③ 「アウトをマーク」をクリック

④ アウト点が設定される

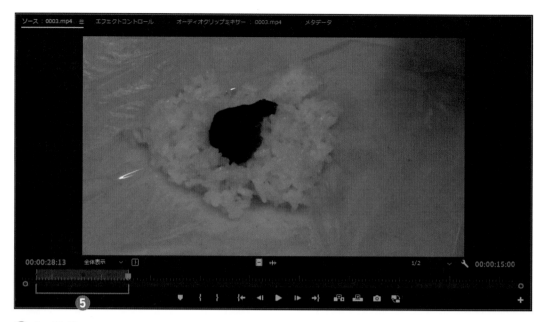

❺ 必要な範囲

⑤ 再生ヘッドを末尾に合わせる

再生ヘッドをプロジェクトの末尾に合わせます。

TIPS

再生ヘッドを編集点に合わせる

再生ヘッドを編集点にピタリと合わせるのは、意外と難しいのです。そこで、キーボードの [↑] [↓] キーを押してください。再生ヘッドが編集点にジャンプします。とても便利なショートカットキーです。

Windows、Macとも： [↑] [↓]

6 「インサート」をクリック

「ソース」モニターパネルの「インサート」をクリックすると、シーケンスの再生ヘッド位置に選択した範囲の映像がクリップとして配置されます。

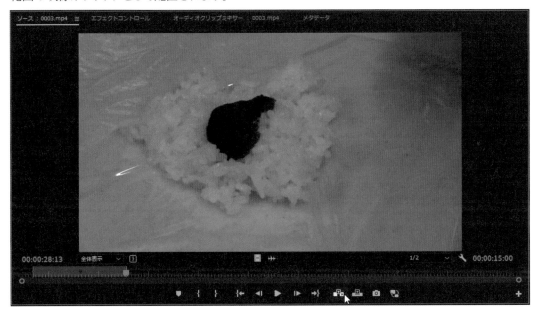

・「インサート」をクリック

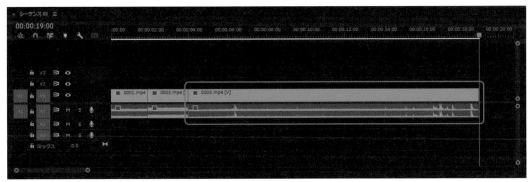

・クリップが配置される

同じ素材の別の場所にイン点、アウト点を設定して、クリップとして配置できます。

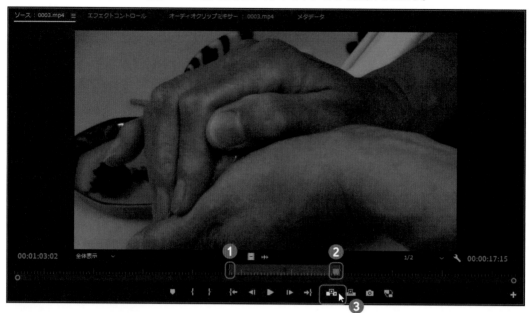

❶ 別の場所にイン点を設定

❷ 別の場所にアウト点を設定

❸「インサート」をクリック

・クリップが配置される

トラックのズーム操作

トラックに配置するクリップの数が増えてくると、シーケンスの見通しが悪くなります。
そのようなときには、トラックのズーム操作を行ってください。

● トラックの表示を拡大／縮小する

トラックに配置するクリップの数が増えると、作業がしづらくなります。そのような場合は、トラック
をズーム操作します。

ズームボタンをドラッグする

シーケンスパネルの下にあるスライダーの左右に○があります。これが「ズーム」ボタンで、これを
ドラッグすると、タイムラインを拡大／縮小表示できます。なお、左右どちらのボタンでも拡大／縮
小できますが、拡大／縮小の方向が左右逆になります。

また、拡大／縮小は、再生ヘッドをシーケンスの左右中央に配置した状態で行われます。

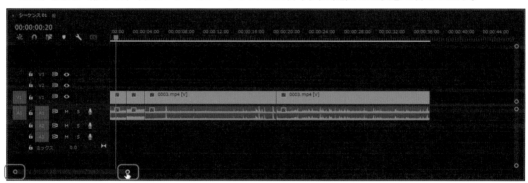

・「ズーム」ボタン

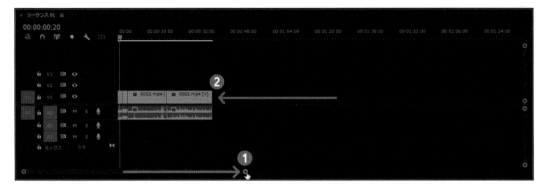

1 右へドラッグ

2 縮小表示される

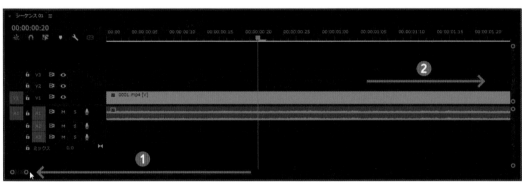

1 左へドラッグ

2 拡大表示される

TIPS

ショートカットキーでズーム操作

キーボードの ￥ キーを押すと、プロジェクト全体を見渡せるサイズに縮小され、もう一度押すと元のサイズに戻ります。なお、縮小表示されたとき、右端に少しスペースがあり、新しいクリップを挿入できるように表示されます。

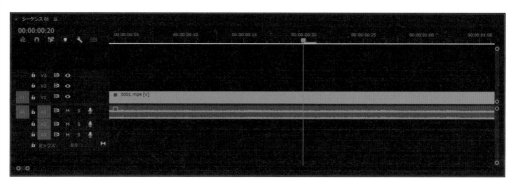

操作前

↓

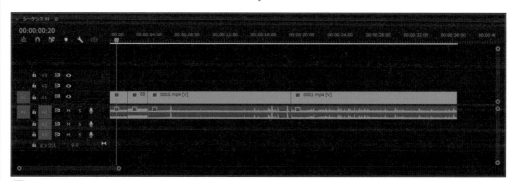

￥ キーを押す

↓

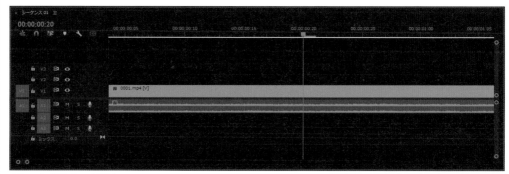

もう一度 ￥ キーを押す

クリップの削除

トラックに配置したクリップが不要になったら、これを削除します。このとき、ギャップが発生しないように削除する必要があります。

● クリップを削除する

トラックに配置したクリップが必要なくなったら、トラックから削除します。このとき、削除した後がギャップにならないようにします。ギャップができてしまったら、これを削除します。

ギャップが発生する削除

最初に、ギャップが発生してしまう削除方法です。

1 削除したいクリップを選択する

トラックに配置したクリップが不要になったら、クリップをマウスでクリックして選択します。クリップを選択すると、白枠が表示されます。

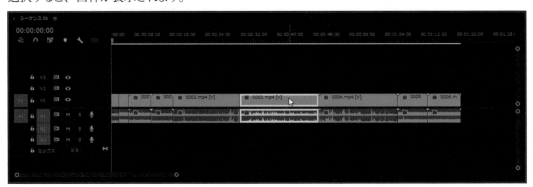

2 クリップを削除する

(Delete) キーを押すと選択したクリップが削除されますが、ギャップが発生してしまいます。

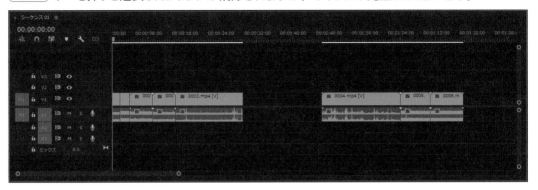

3 ギャップを削除する

ギャップが発生したらクリックして選択し、(Delete) キーで削除します。

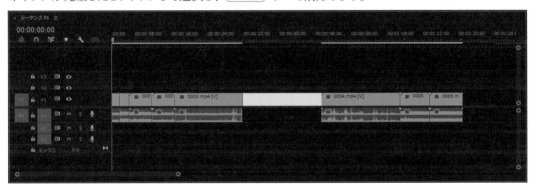

・ギャップを選択して(Delete)キー

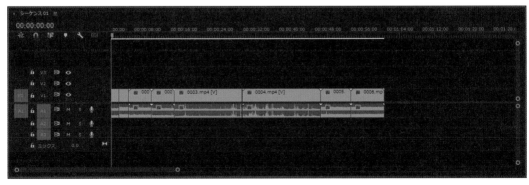

・ギャップを削除

次に、ギャップが発生しない削除方法です。

1 削除したいクリップを選択する

削除したいクリップを選択します。

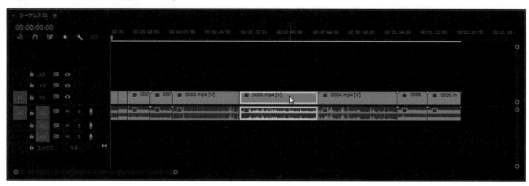

2 クリップを削除する

クリップを削除する際、 Shift キーを押しながら Delete キーを押すと、ギャップを発生せずに削除
できます。

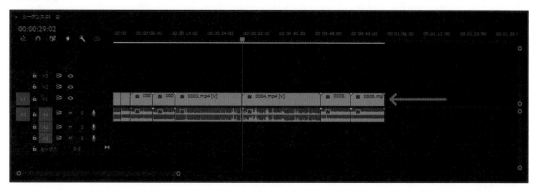

このSectionでの作業のように、クリップを配置、トリミング、入れ替え等を行ってストーリーを作る
作業を「カット編集」といいます。

Chapter 7

エフェクトを設定する

トランジションを設定する

エフェクトの「トランジション」は、クリップが切り替わるときなど、場面転換をスムーズに演出するときに効果的なエフェクトです。なお、使い過ぎには注意しましょう。

● トランジションの設定

「トランジション」はエフェクト(特殊効果)の一種で、1つのクリップ再生が終わり、次のクリップの再生に切り替わるときに利用するエフェクトです。たとえば、次のような画面に、エフェクトを使わないと唐突に画面が切り替わりますが、エフェクトを利用すると、スムーズに切り替えることができます。

◎トランジションなしの場合

↓

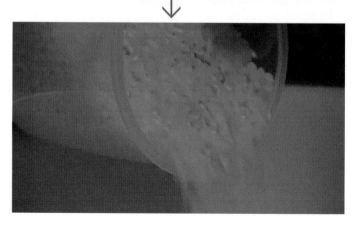

◎トランジションを利用した場合

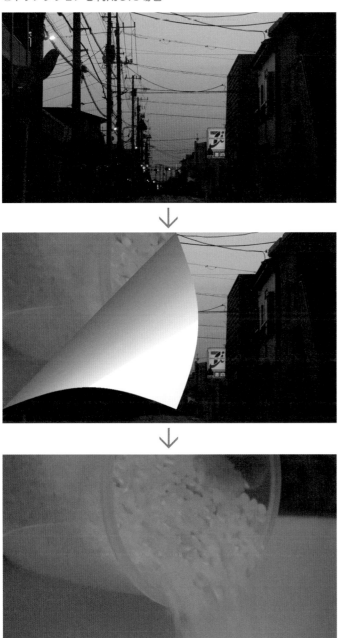

　なお、トランジションは効果が強烈なので、本当に必要なところ以外には利用しない方がよいです。多用すると、素人っぽいイメージの動画になってしまいます。

では、どのようなときに利用するかというと、次のようなカットの切り替え時が効果的です。

・前のカットと後のカットで時間が異なる
　（例）前のカットは午前中、後のカットは午後

・前のカットと後のカットで場所が異なる
　（例）前のカットは屋内、後のカットは屋外

1 トランジションの設定位置を確認する

シーケンスで再生ヘッドをドラッグして、トランジションを設定する位置を確認します。

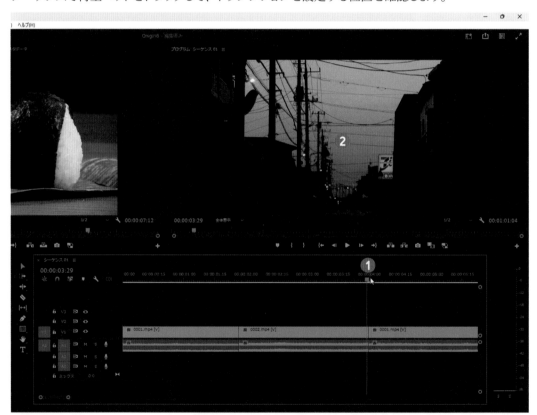

1 ドラッグする
2 設定位置を確認

2 トランジションを見つける

「エフェクト」パネルを表示し、エフェクトのカテゴリー「ビデオトランジション」から利用したいトランジションのカテゴリーを開き、利用したいトランジションを見つけます。

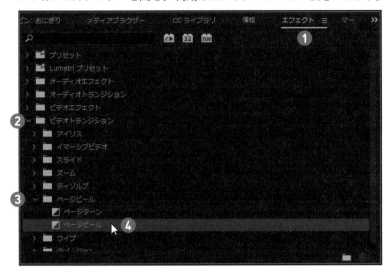

① 「エフェクト」をクリック

② エフェクトのカテゴリー「ビデオトランジション」をクリック

③ トランジションのカテゴリーをクリック

④ 利用したいトランジションを見つける

3 トランジションを設定する

見つけたトランジションを、シーケンスのクリップとクリップが接続している編集点にドラッグし、両方のクリップにまたがるように配置します。またがない場合は、153ページのメモ「トランジションがまたがない！」を参照してください。

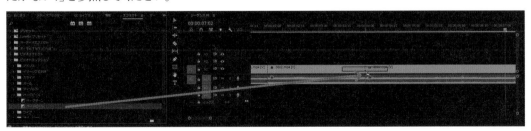

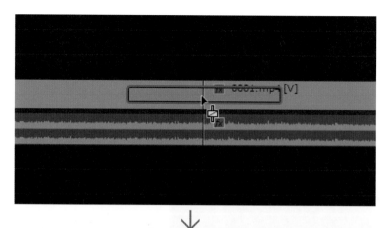

↓

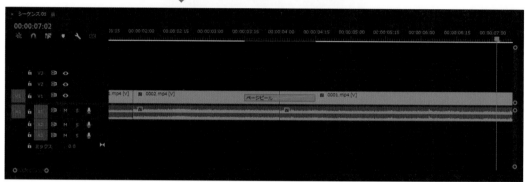

④ トランジションを確認する

トランジションを設定したら、シーケンスを再生してトランジションを確認します。

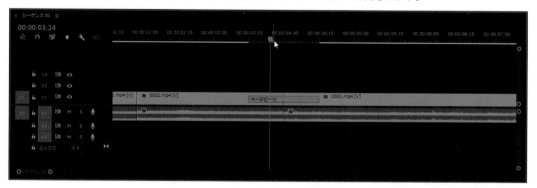

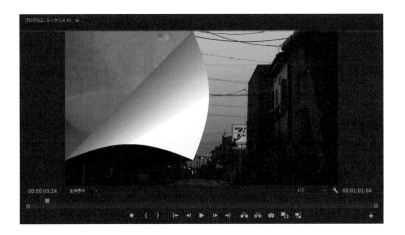

OINT

「スペース」キーで再生／停止

シーケンスを再生する際、シーケンスの再生ヘッドをドラッグするほか、プログラムモニターの再生ボタンをクリックして再生する方法があります。もっと簡単な方法は、再生を開始したい位置に再生ヘッドを合わせ、キーボードの「スペース」キーを押してください。再生が開始されます。もう一度「スペース」キーを押すと、再生が停止します。

MEMO

トランジションがまたがない！

トランジションをシーケンスの編集点にドラッグしたが、両クリップをまたがない場合があります。たとえば、画面のような状態ですね。これには原因があります。

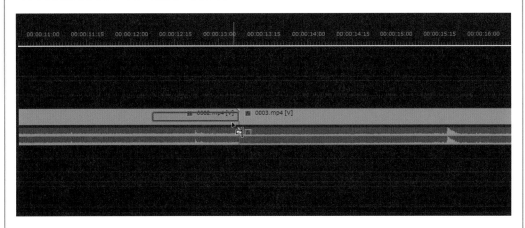

トランジションは、トリミングによって見えなくなった部分を利用して的のクリップは次のクリップと合成することでトランジションを実現しています。このトリミングによって見えなくなっている部分を「予備のフレーム」といいます。いわば、「のりしろ」のようなものですね。

なお、クリップがトリミングをしているかしていないかは、クリップの端で確認できます。端に白い△マークがある場合は、トリミングをしていない状態です。トリミングをすると、△が表示されません。

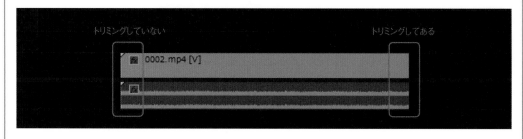

●双方のクリップをトリミング

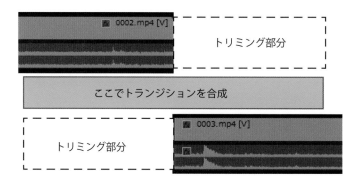

ところが接合しているクリップのうち片方だけトリミングを行い、もう片方がトリミングをしていない場合、トリミングしていない方のクリップにトランジションが設定されます。

●左のクリップのみトリミング

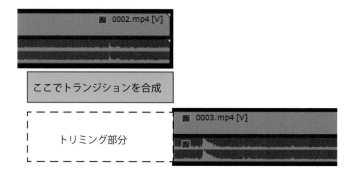

これは、左ページの図からわかるように、トリミングしていないクリップの側だけにトランジションが乗って表示され、合成されるからです。

●双方がトリミングしていない場合

では、双方のクリップがトリミングしてない場合はどうなのかというと、双方にまたがって表示、配置されます。ただし、メッセージが表示され、設定したトリミングには斜線が表示されます。

これは、双方ともトリミングしていないため、Premiere Proが端の1フレームを繰り返しコピーすることで「予備のフレーム」を作成し、それを利用して合成してるからです。

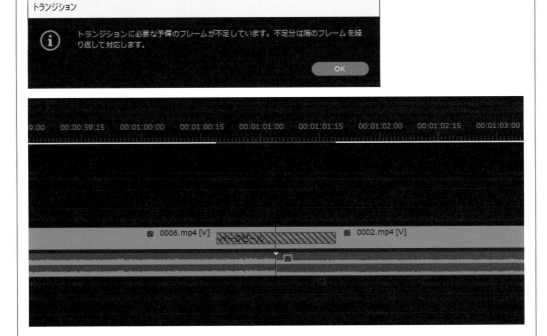

なお、いずれの状態でもトランジションは設定されますが、多少、映像に違いが確認できます。（セミナーにご参加頂ければ、この点、詳しく解説させて頂きます。）

● トランジションの変更

トラックに配置したシーケンスを、別のトランジションに変更してみましょう。トランジションの変更方法は、利用したい新しいトランジションを既存のトランジション上にドラッグ＆ドロップするだけです。

① 利用したいトランジションを見つける

「エフェクト」パネルの「ビデオトランジション」から、利用したいトランジションを見つけます。

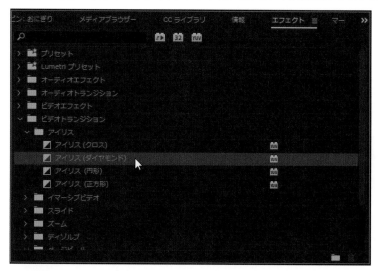

 POINT　トランジションの効果をプレビューするような機能はありません。したがって、時間のあるときに1つずつ試してみるしかありません。

② 既存のトランジション上にドラッグ＆ドロップする

利用したいトランジションが見つかったら、すでに設定してあるトランジションの上にドラッグ＆ドロップして重ねてしまいます。

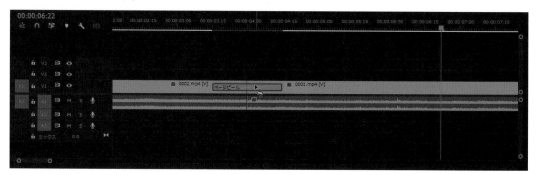

③ トランジションが入れ替わる

既存のトランジションの上にドラッグ＆ドロップすると、新しいトランジションに入れ替わります。

7

エフェクトを設定する

● トランジションを削除

トランジションを削除したい場合は、選択して Delete キーで削除します。

1 トランジションを選択する

削除したいトランジションを、マウスでクリックして選択します。選択すると、白い枠が表示されます。

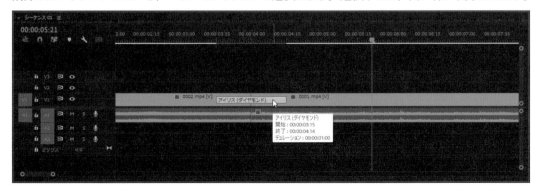

2 Delete キーで削除する

キーボードの Delete キーを押すと、トランジションが削除されます。

● デュレーションの変更

　トランジションのデュレーション（再生時間）は、デフォルトで1秒です。これをもっとゆっくりと効果を見せたい、あるいはもっと速く効果を見せたいという場合は、デュレーションの変更が必要になります。変更方法はいくつかあるのでよく利用される方法を紹介します。

トリミング形式で変更する

　最も簡単な方法です。設定したトランジションの先端、終端をドラッグして変更します。

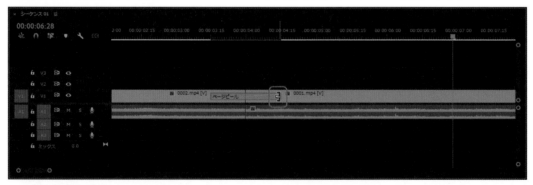

・マウスを合わせる

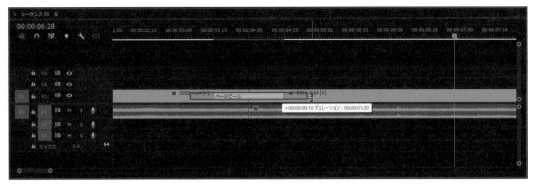

・ドラッグして修正

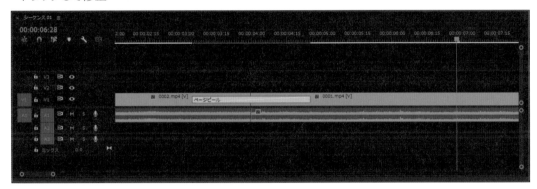

デュレーションを指定して変更する

ダイアログボックスを表示して、数値で指定することも可能です。

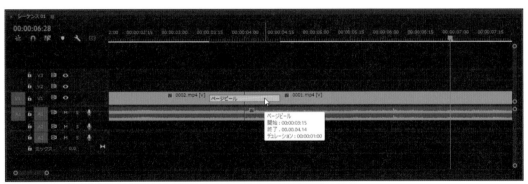

・ダブルクリックする

・ダイアログボックスが表示
　される

❶ 数値を変更する
❷ 「OK」をクリック

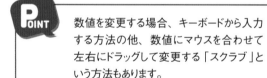

数値を変更する場合、キーボードから入力
する方法の他、数値にマウスを合わせて
左右にドラッグして変更する「スクラブ」と
いう方法もあります。

左右にマウスをドラッグして変更

トランジションでフェードイン、フェードアウトを設定

場面転換に利用するエフェクトのトランジションですが、プロジェクトの先頭や末尾に設定すると、フェードイン、フェードアウトが演出でき、作品としてのイメージもアップします。

● 黒い背景にフェードアウトする

　プロジェクトの末尾に、トランジションの「クロスディゾルブ」を設定すると、映像が徐々に黒い背景に消えていく「フェードアウト」が設定されます。これによって、突然作品が終了するのではなく、映像が徐々に消えるエンディングを演出できます。

◎フェードアウト設定前

◎フェードアウト設定後

① 「クロスディゾルブ」を見つける

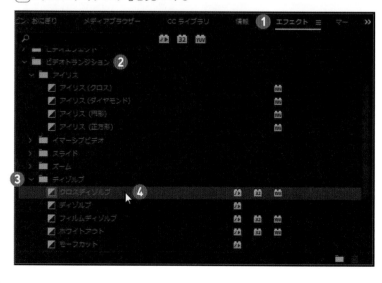

「エフェクト」パネル ❶ から、「ビデオトランジション」❷ →「ディゾルブ」❸ →「クロスディゾルブ」❹ を選択します

☐2 プロジェクトの終端に設定

クロスディゾルブを、プロジェクトの最後にあるクリップの末尾に配置します。

● 白い背景からフェードインする

プロジェクトの先頭に「クロスディゾルブ」を設定すると、黒い背景から映像が徐々に現れる「フェードイン」が設定されます。ただ、動画のスタートは黒ではなく白い背景からスタートさせたいというケースもあります。その場合は、白い背景を作って演出します。

POINT

「クロスディゾルブ」について

「クロスディゾルブ」は、前の映像が徐々に消えながら、次の映像が徐々に表示されるという、オーソドックスなトランジションです。

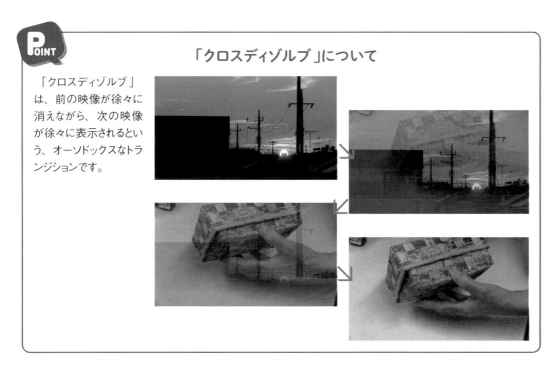

白い背景は、「カラーマット」を利用して作成します。

1 ビンを設定する

背景データの保存場所を作成します。プロジェクトパネルのルート（一番上の階層）に戻り、パネル下部にある「新規ビン」アイコンをクリック。ビンが作成されたら、ビン名を「img」などと変更しておきます。ダブルクリックしてビンを開くと、中は空です。

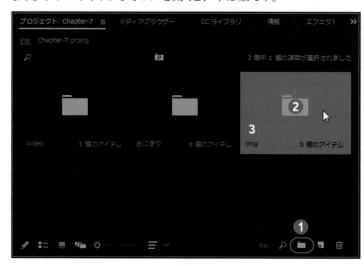

❶ クリック
❷ 作成されたビン
❸ ビン名を変更

・ビンの中は空

2 「カラーマット」を選択する

　プロジェクトパネルの下部にある「新規項目」アイコンをクリックし、表示されたプルアップメニュー
から「カラーマット...」を選択します。

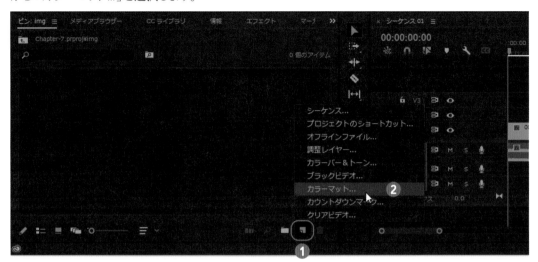

1 クリック

2 「カラーマット」を選択

3 「カラーマット」を作成する

「新規カラーマット」ダイアログボックスが表示されるので、内容を確認して「OK」をクリック。次に表
示されるカラーピッカーで白を設定して「OK」をクリックします。最後に「名前」ダイアログボックスが
表示されるので、必要に応じて名前を設定します。本書では、このまま変更しないで「OK」をクリッ
クします。

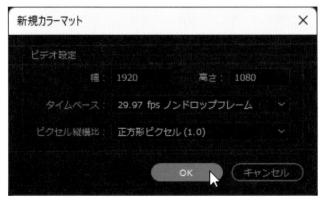

・クリック

エフェクトを設定する

7

・白を選択

・クリック

・クリック

・作成されたカラーマット

 POINT 作成されたカラーマットは、いわゆる白い画像データなのですが、5秒の動画データとしてビンに登録されます。

トランジションを設定する

作成したカラーマットをプロジェクトの先頭に挿入し、トランジションを設定します。

1 クリップを挿入する

作成したカラーマットのクリップを、プロジェクトの先頭に挿入します。挿入は、Ctrl（Macでは command）キーを押しながらドラッグ＆ドロップで挿入します。

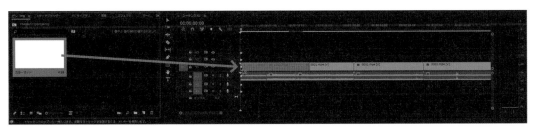

・ [Ctrl] キーを押しながら挿入

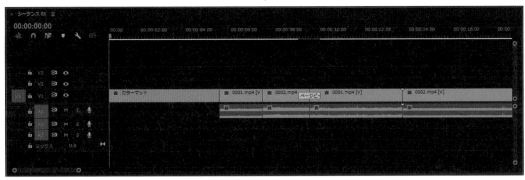

・挿入したクリップ

2 クリップをトリミングする

クリップは5秒のデュレーションがあるので、トリミングで2秒程度に短くします。

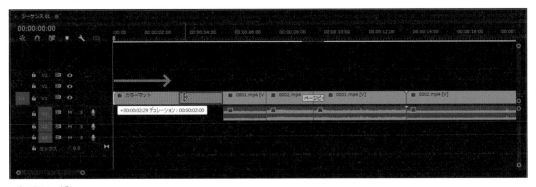

・トリミング

7
エフェクトを設定する

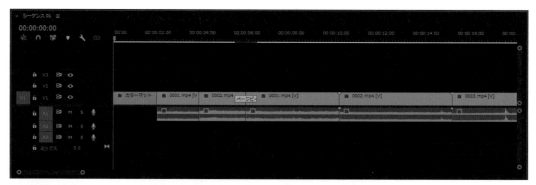

・トリミング後

 POINT トリミングは、[Ctrl]（Macでは[command]）キーを押しながらドラッグすれば、リップルツールとしてギャップを発生せずにトリミングできます。

3 トランジションを設定する

トランジションの「クロスディゾルブ」をカラーマットと映像クリップの編集点にドラッグ＆ドロップで設定します。

↓

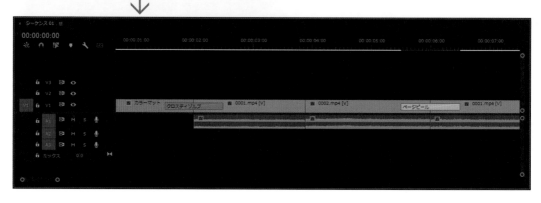

4 完成したフェードイン

これで、白い背景から映像が表示されるフェードインの完成です。もちろん、さまざまな色のカラーマットを利用すれば、好みの色で作品を楽しめます。

ビデオエフェクトを設定する

ビデオエフェクトの機能は豊富です。ここでは、「モノクロ」と「レンズフレアー」というエフェクトを
利用し、設定方法の基本を解説します。

● エフェクトの設定

「トランジション」は、クリップの先頭や末尾に設定して部分的に特殊効果を適用する機能ですが、
「ビデオエフェクト」は、クリップ全体に特殊効果を適用します。たとえば、カラーの映像をモノクロ
化するといった効果です。

1 エフェクトを検索する

ビデオエフェクトは、「エフェクト」パネルにあります。ただ、カテゴリーが多く、この中のどこに目的
のエフェクトがあるのかわかりません。そこで、「検索ボックス」を利用します。ここに、たとえば「モ

ノクロ」と入力すると、モノクロという
名前を持ったエフェクトが検索表示さ
れます。この中の「ビデオエフェクト
」→「イメージコントロール」→「モノ
クロ」が利用したいエフェクトです。

❶ 「エフェクト」をクリック

❷ テキストを入力して (Enter) キー
を押す

❸ 結果が一覧表示される

[2] エフェクトを適用する

検索したエフェクトは、シーケンスのビデオトラックに配置してあるクリップに適用します。なお、適用方法には2種類あります。

【ドラッグ&ドロップで適用する】

オーソドックスな設定方法です。利用したいエフェクトを、シーケンスのクリップの上にドラッグ&ドロップすれば適用されます。

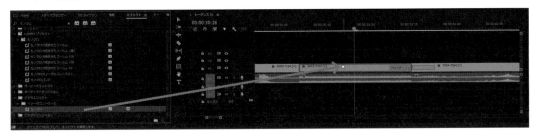

・ドラッグ&ドロップする

【ダブルクリックで適用する】

シーケンス上でエフェクトを設定したいクリップをクリックして選択しておきます ❶ 。「エフェクト」パネルで利用したいエフェクトをダブルクリックすると ❷ 、エフェクトが適用されます。

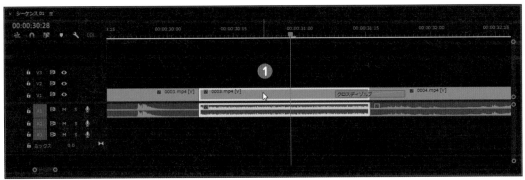

❶ クリップを選択する

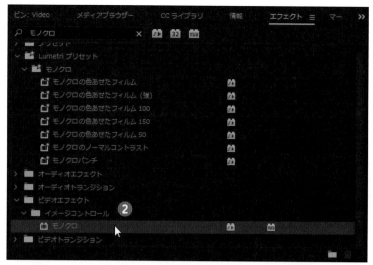

❷ ダブルクリックする

③ エフェクトが適用される

エフェクトが適用されると、シーケンス上のクリップの端にある[fx]というアイコン（バッジ）に色が表示されます。

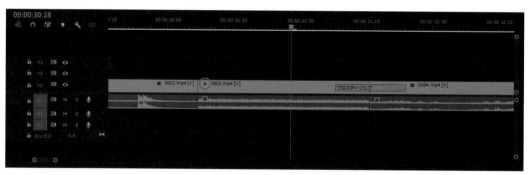

MEMO

表示される色は、黄色や緑色、紫色など設定したエフェクトのタイプによって異なります

エフェクトの削除

クリップに設定したエフェクトが不要になったら、これを削除できます。

1 削除前に効果の再確認

クリップに設定したエフェクトを削除する前に、本当に効果が不要なのかどうかを確認しましょう。「エフェクトコントロール」パネルでエフェクトをオン／オフして効果を再確認します。

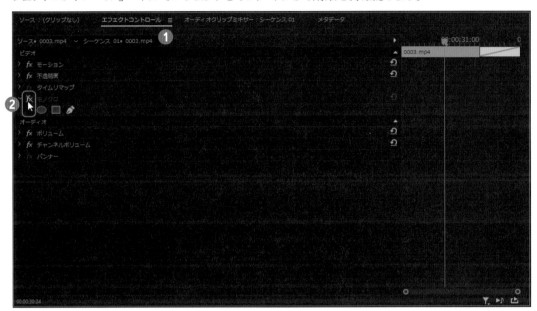

❶「エフェクトコントロール」をクリック

❷「fx」をクリックして一時的にオフにする

エフェクト確認後、不要な場合はエフェクト名をクリックして選択、 Delete キーで削除します。

・エフェクトを選択して Delete キーで削

教室より

エフェクトの効果を事前に知りたい

教室の講座でエフェクトの時間になると、必ず出る質問があります。それが、「エフェクトの効果がわかるような表示はないのですか?」という質問です。

確かに、初心者には名前だけではどのような効果なのかわかりませんよね。でも、Premiere Proにはそのようなサービスはありません。「プロならそれくらいわかるよね」、というスタンスなのです。なので、時間があるときに、1つずつ試してみるしかありません。ぼくもそうやって覚えました。

Section

7-4 ビデオエフェクトを追加・変更する

エフェクトは、トランジションと異なって複数のエフェクトを設定できます。
また、エフェクトの順番を変えることで、効果も変わります。

● エフェクトの追加

クリップに設定するエフェクトは、複数併用できます。たとえば、「モノクロ」を設定したクリップに「レンズフレア」というエフェクトを設定してみましょう。

☐1 エフェクトを検索する

「エフェクト」パネルの検索ボックスで「レンズフレア」を検索します。「レンズ」で検索できます。

☐2 クリップに適用する

検索したエフェクトを、モノクロを設定したクリップに適用します。

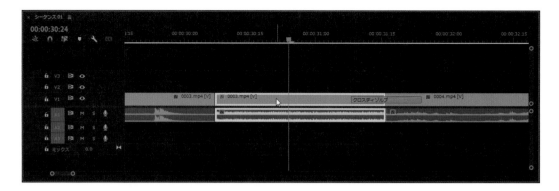

・クリップを選択

↓

・エフェクトをダブルクリック

↓

・エフェクトが適用される

● エフェクトの順番を変更する

ビデオエフェクトは、適用した順番によって効果が変わります。

[1]「**エフェクトコントロール**」パネルで確認

「エフェクトコントロール」パネルを表示して、エフェクトの順番を確認します。画面では、「モノクロ」
❶ の下に「レンズフレア」❷ があります。

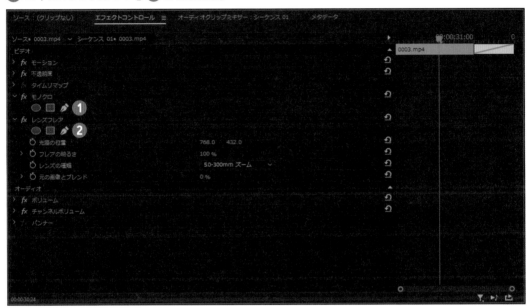

❶ モノクロ
❷ レンズフレア

モニターでは、モノクロの
上にレンズフレアがあります

「エフェクトコントロール」パネルで、エフェクトの名前をドラッグして順番を入れ替えます。

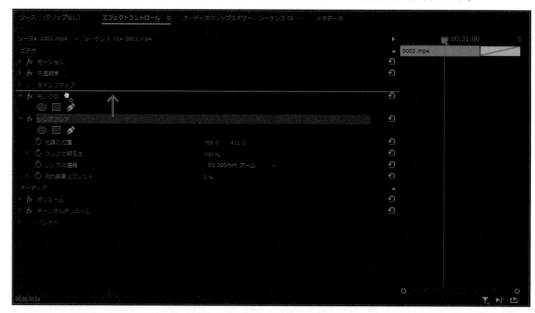

・「レンズフレア」を「モノクロ」の上にドラッグ＆ドロップ

・順番が入れ替わる

・効果は、「モノクロ」の下に
「レンズフレア」がある

● パラメーターの変更

エフェクトにはオプションがあり、それぞれパラメーターと呼ばれる値があります。この値を変更すると、効果の度合いを調整できます。

① パラメーターを変更する

たとえば、「レンズフレア」の「フレアの明るさ」が「100%」と設定されています。この数値を変更すると、光源の明るさを調整できます。

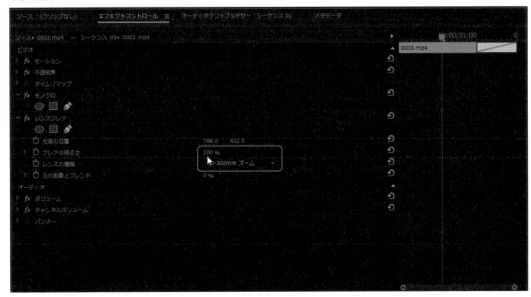

・「100%」を変更する。

179

・「50％」に変更

・「140％」に変更

デフォルトエフェクト

設定したエフェクトの他、「ビデオ」には「モーション」「不透明度」「タイムリマップ」という3つのエフェクト、「オーディオ」にも3つのエフェクトがあります。これらは「デフォルトエフェクト」といって、すべてのクリップに設定されているエフェクトです。また、このエフェクトは削除ができません。

アニメーション化できる

オプションの名前の前にストップウォッチがあります。このストップウォッチのあるオプションは、すべてアニメーション化できます。本書では解説していませんが、筆者の他のガイドブックを参考にするか、講座にご参加ください。

Section

7 - 5

被写体を追尾してぼかす

人の顔や車のナンバー、お店の看板など動画の中で表示させたくないカットがあった場合、
トラッキング機能を利用して、その部分だけをぼかしたりブロックを設定して隠すことができます。

●「トラッキング」を設定する

動画の中で、見せたくない、ハッキリと表示させたくないといった被写体があった場合、「ブラー」な
どのエフェクトを設定し、エフェクトの持つトラッキング（追尾）機能を利用すると、被写体を追尾して
そのエフェクトを適用できます。

1「ブラー」を適用する

被写体の中で表示したくない部分には、エフェクトの「ブラー」を設定してぼかします。そのためには、
「ビデオエフェクト」から「ブラー（ガウス）」を選択して、クリップに適用します。適用は、ドラッグ＆ド
ロップかダブルクリックで行えます。

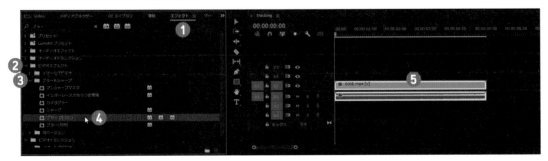

❶「エフェクト」をクリック **❹**「ブラー（ガウス）」を適用

❷「ビデオエフェクト」を展開 **❺** ブラーが設定されたクリップ

❸「ブラー＆シャープ」を展開

ボケ具合を調整する

「エフェクトコントロール」パネルを表示して、「ブラー」のオプションを開き、「ブラー」のパラメーター（設定値）を変更します。数値を大きくすると、ボケ具合も大きくなります。

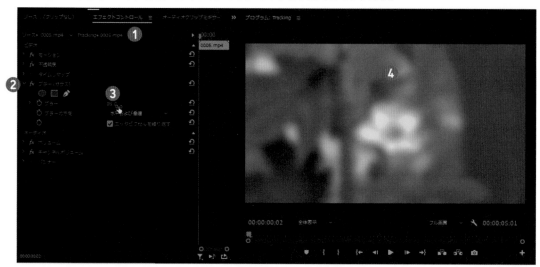

❶「エフェクトコントロール」をクリック　❸ パラメーターを変更
❷「ブラー」を展開　　　　　　　　　　❹ ボケ具合が反映される

3 マスクを設定する

マスクを設定し、ぼかしたい部分だけにエフェクトの「ブラー」を適用します。パネルの「ブラー」というエフェクト名の下にマスクの選択アイコンが3つあるので、被写体に応じて選択します。画面では「楕円形マスクの作成」をクリックしています。

①「楕円形マスクの作成」をクリック　　**③** マスク内にだけボケが反映されている

② マスクが設定される

[4] 順方向トラッキングを実行する

この状態では、被写体が動くとボケの位置とズレてしまうので、トラッキングを実行して、被写体を追尾させます。「マスクパス」にある「選択したマスクを順方向にトラック」をクリックすると、トラッキングが開始されます。

なお、クリップの途中からトラッキングを開始した場合、その前の部分のトラッキングが必要なケースがあります。その場合は、「選択したマスクを逆方向にトラック」を実行してください。

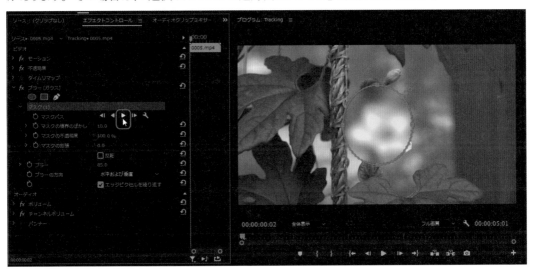

「選択したマスクを順方向にトラック」をクリック

トラッキングが開始される

逆方向のトラッキングは、「選択したマスクを逆方向にトラック」をクリック

5 トラッキングを確認する

トラッキングが終了すると、マスクの位置を記録したキーフレームがタイムラインに設定されます。タイムラインを拡大表示すると、キーフレームを確認できます。プロジェクトを再生して、トラッキングを確認してみましょう。

Chapter 8

タイトルを作成する

メインタイトルを作成する

ビデオ編集でテキストに関する編集作業を「テロップ入れ」などと呼びますが、タイトル作業のメインは、もちろんメインタイトルの作成です。動画の「顔」ですね。

● デザインはいろいろ

　メインタイトルは、その動画がどのような内容なのか端的にわかることが重要だ、ということはおわかりですよね。それだけに、タイトル文字をどのようにデザインするかも重要です。本書では詳しく解説できませんが、テーマを端的に表現しているデザインを考えてください。

　もちろん言葉は重要ですが、言葉だけでなくデザインも重要です。極端な話、デザインによって、その動画のイメージが変わってしまうほどです。

タイトル案1

タイトル案2

タイトル案3

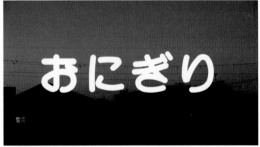

タイトル案4

「おにぎり」と「おむすび」の違い

　「おにぎり」と「おむすび」の違いですが、意味としてはまったく同じで、いわゆる同義語ですね。語源には諸説あって、鬼退治の道具に使ったので「鬼切り」とか、縁を結ぶ「お結び」から言葉ができたとか。古事記には、天地開闢（てんちかいびゃく）のときに生まれたとされる三柱の一柱が「高御産巣日神（たかみむすびのかみ）」で、その神の名前が由来という節もあります。簡単にいえば、万物を創生した神の名前ということですね。
　地域的な特徴としては、関西圏では「おむすび」、関東圏では「おにぎり」と呼んでいるという説もあります。どうなんでしょうね。

● メインタイトルを作成する

　ここでは、その重要なメインタイトルを作成する手順を解説します。タイトルを考えるコツなどは、別の機会に譲ります。

① ワークスペースを切り替える

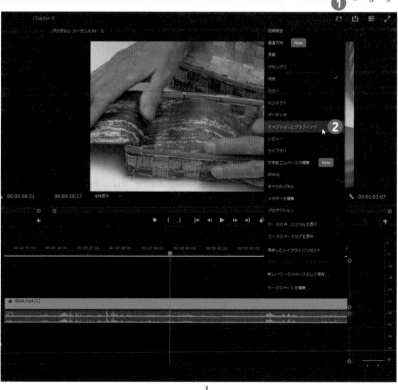

タイトル編集では、ワークスペースの「キャプションとグラフィック」が使いやすいので、これに切り替えます。

❶ クリック

❷「キャプションとグラフィック」をクリック

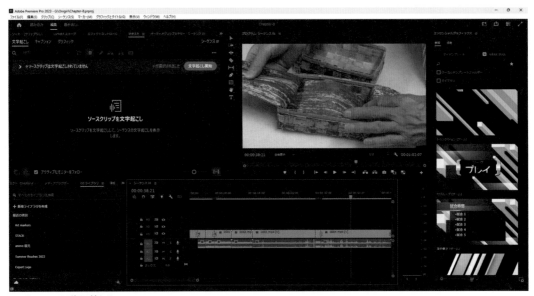

ワークスペースが切り替わる

2 タイトルの設定場所を見つける

シーケンスで再生ヘッドをドラッグし、メインタイトルを配置する場所を見つけます。

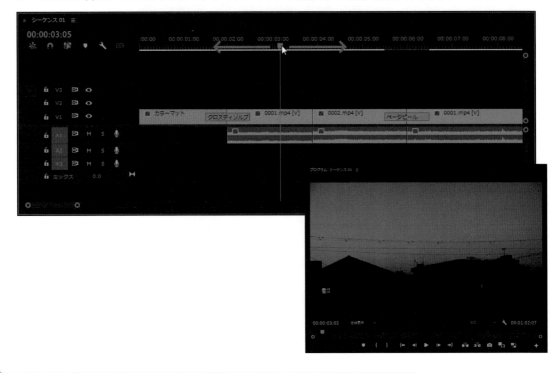

③ テキストを入力する

文字ツールアイコンを長押
ししてメニューから縦書き、
横書きを選択して、文字を
入力します。

・縦書き、横書きを選択

・入力したい位置でクリック

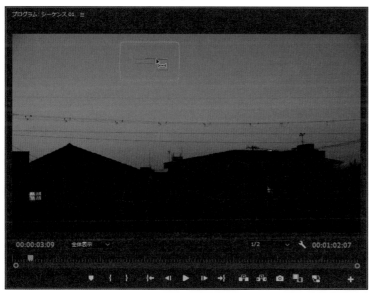

8
タイトルを作成する

・テキストを入力

4 **クリップが表示される**

テキストを入力すると、シーケンスの「V2」トラックにテキストのクリップが自動的に配置されます。

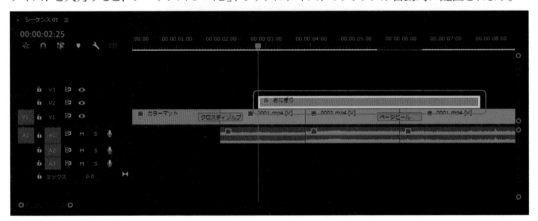

クリップのデュレーションは5秒あります。

5 **モードを変更する**

選択ツールをクリックして入力モードから選択モードに変更すると、テキストの赤い枠が青いラインと白い○の「バウンディングボックス」に切り替わります。

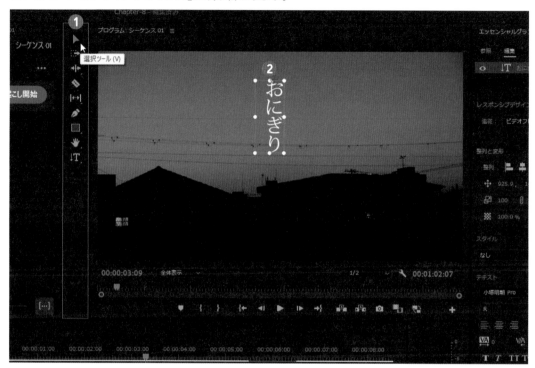

1 クリックする

2 バウンディングボックスに変わる

　テキストを入力した入力モードでは、テキストの周りに赤いラインが表示されています。この状態ではデザインを設定できないので、選択モードに切り替えます。

6 フォントを変更する

ワークスペース右の「エッシェンシャルグラフィックス」にある「テキスト」の「フォント」で、右端の「∨」
をクリックしてフォント一覧を表示。ここからフォントを選択します。

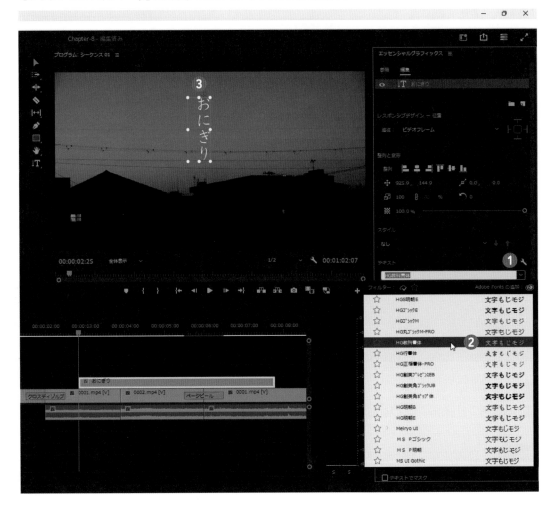

① クリック

② フォントを選択

③ 選択したフォントが反映される

⑦ 文字サイズを変更する

文字のサイズは、フォントの下にある「フォントサイズ」の数値をスクラブ（→P.160）などで変更するか、右にあるスライダーをドラッグして変更します。

・スクラブで変更

MEMO

「テロップ」とは

テロップは和製英語で、「television opaque projector（テレビジョン・オペーク・プロジェクター）」という英語が語源です。海外のスタッフと仕事する場合は、「caption（キャプション）」と使うのがベストでしょう。もちろん、「タイトル」でもOKです。

教室より

フォントの使いこなし

教室での講義中、「フォントはどのように選べばよいのか」という質問を受けウル事があります。フォントの選択は、映像のイメージを壊さない、映像のイメージとフィットすることをポイントに選択するように伝えています。

テキストを目立たせる

　テキストを目立たせる方法として、テキストの「塗り（色）」を変えたり、「境界線（縁取り）」を設定したり、あるいは「影（シャドウ）」を付けるという方法があります。これらの方法を「おにぎり」では利用していませんが、ぜひマスターしておきましょう。

テキストの「塗り（色）」を変更する

　テキストの色は、「カラーピッカー」を利用して変更します。

❶ テキストを選択

❷ チェックボックスがオンなのを確認

❸ カラーボックスをクリックする

❹ 色を選択

❺ 明るさを選択

❻ 色を確認

・「OK」をクリック

・色を変更

「境界線（縁取り）」を設定する

「境界線（縁取り）」は、境界線の太さ、色を調整し変更できます。

1 チェックをオンにする

2 「太さ」の数値を変更する

・境界線が目立つ

テキストに影を設定する場合は、専用の設定オプションが表示されます。

❶ チェックをオンにする

❷ オプションが表示される

❸ 不透明度：影の濃さを調整する

❹ 角度：影ができる方向を指定する（デフォルトでは右下135度）

❺ 距離：テキストと影との距離を調整する（立体感を強調できる）

❻ サイズ：影の大きさを調整する

❼ ブラー：影の輪郭のボケ具合を調整する

影の色は、カラーボックスをクリックして、カラーピッカーで変更できます。

タイトルを演出する

メインタイトルのデュレーション（表示時間）は、デフォルトで5秒です。デュレーションを調整する場合は、動画のクリップをトリミングするのと同じ方法で調整します。

また、タイトルも唐突に表示されて、消えます。その唐突感を和らげるために、トランジションを設定します。

トリミングでデュレーション調整する

タイトルクリップの先端、後端をドラッグして、デュレーションを調整します。

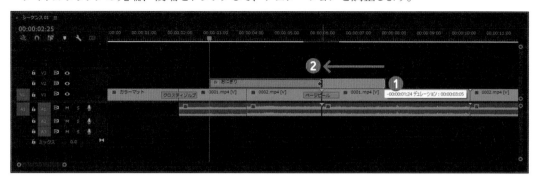

1 後端にマウスを合わせる

2 ドラッグする

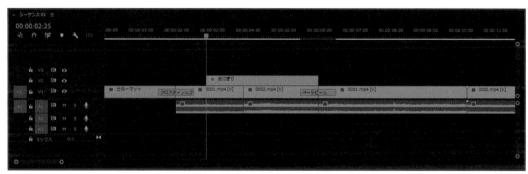

トランジションで演出する

タイトルクリップの先端と後端に、トランジションの「クロスディゾルブ」を設定すると、スムーズなメインタイトルの表示を演出できます。

・トランジションを選択

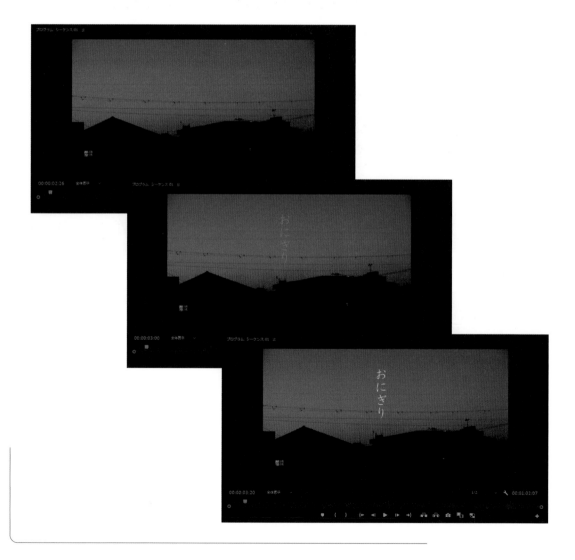

・トランジションを設定

ロールタイトルを作成する

「ロールタイトル」は、「エンドロール」とも呼ばれ、動画の最後にスタッフ一覧などのテキストが、画面の下から上にロールアップするタイトルのことです。

● ロールタイルの作成

ロールタイトルの作成も、基本的にはメインタイトルと同じです。違いは、最後にモーション（動き）を設定することですね。

1 ワークスペースを切り替える

タイトルを作成する場合は、ワークスペースを「キャプションとグラフィック」に切り替えます。ロールタイトルも同じです。

❶ 「ワークスペース」をクリック

❷ 「キャプションとグラフィック」をクリック

↓

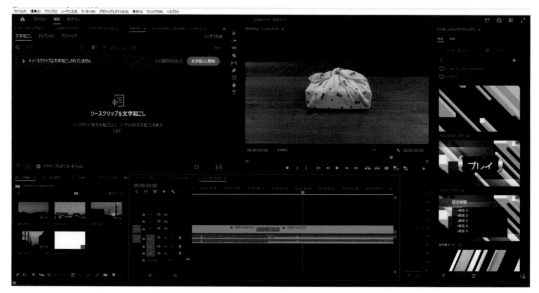

・ワークスペースを変更

2 タイトルの設定位置を見つける

シーケンスでロールタイトルを設定する位置を見つけます。

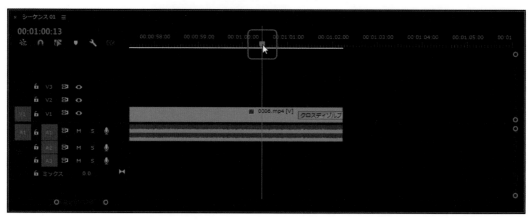

・再生ヘッドをドラッグ

・位置を確認

③ テキストを入力する

横書き文字ツールなどを利用して、テキストを入力します。複数行入力するので、改行して入力します。

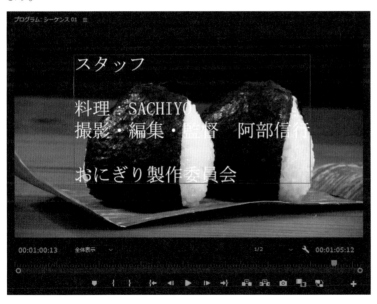

POINT

デザイン設定の初期化

メインタイトルなどを作成し、続けてロールタイトルを作成すると、前のタイトルで設定したデザイン設定が引き継がれます。修正が面倒な場合は、一度 Premiere Pro を終了して再度起動すると、デザイン設定はデフォルトに戻ります。

4 テキストを調整する

「選択ツール」をクリックして入力モードから選択モードに切り替え、テキストのフォント、文字サイズなどを調整します。このとき、とくに「行間」は読みやすい間隔に調整することを忘れずに。

❶「選択ツール」をクリック
❷ バウンディングボックスを表示

❸ フォント

❹ スタイル（フォントの太さを選択）

❺ フォントサイズ

❻ 字間（トラッキング）

❼ 行間

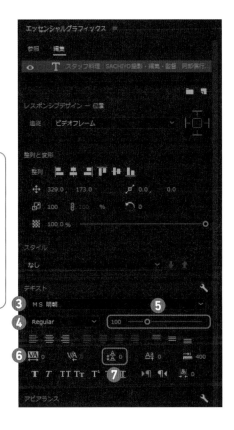

MEMO

「カーニング」と「トラッキング」

「カーニング」と「トラッキング」は、どちらも字間を調整するための機能ですが、次のような違いがあります。

- **カーニング**：個別に文字単位で字間を調整（入力モードで操作）
- **トラッキング**：テキスト全体をまとめて字間を調整

8

タイトルを作成する

---

⑤ 位置の調整

ロールタイトルの場合、上下の位置はどこにあってもかまいませんが、左右はどの位置に配置するかを調整します。画面では、「整列と変形」にある「水平方向に中央揃え」を利用して、左右の中央に配置しています。

・「水平方向に中央揃え」をクリック

↓

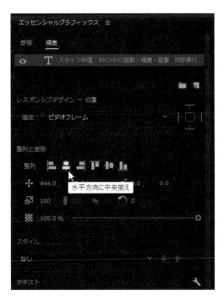

・左右の中央に配置

6 ⑥「シャドウ」を設定

テキストを読みやすいように調整します。たとえば、右ページの画面ではテキストの背後に影が設定されるように調整しています。おにぎりのお米部分のテキストが読みやすくなっています。

シャドウ設定前

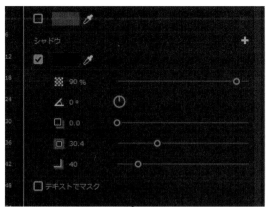

「シャドウ」の設定

シャドウ設定後

8

タイトルを作成する

MEMO

影の色はデフォルトで「グレー」ですが、カラーピッカーで「黒」に修正しています。

● ロールタイトルの設定

テキストの調整が終了したら、下から上にロールアップする動きを設定します。

⬚1 選択を解除する

テキストが選択モードなので、「プログラム」モニターのテキストのない場所をクリックし、選択を解除します。

① テキストのないところで
マウスをクリック

② 選択が解除されバウン
ディングボックスが消える

[2] モーションを設定する

エッセンシャルグラフィックスに「縦ロール」が表示される
ので、チェックボックスをクリックしてオンにします。設定
はこれだけです。「プログラム」モニターには、スライダー
が表示されます。

・チェックをオンにする

・スライダーが表示される

③ アニメーションを確認する

シーケンスを再生して、ロールアップを確認します。

再生してロールアップの速度が速い、あるいは遅いという場合は、テキストクリップをドラッグしてデュレーションを変更することで、速度を調整します。デュレーションを短くすれば早くなり、長くすれば遅くなります。

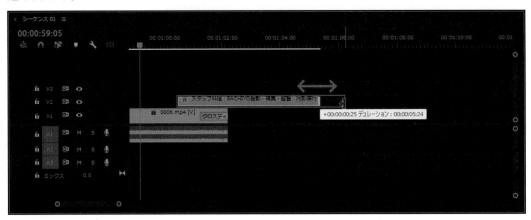

YouTubeで公開している「おにぎり」では、ロールタイトルを使わず、メインタイトル同様にテキストを固定位置に表示することで情報を伝えています。こちらも参照してください

Section 8-3 「文字起こし」を利用する

「文字起こし」は、動画の中での会話をテキストとして抽出し、さらにそのテキストを画面に表示できる機能です。最も簡単な利用方法を紹介します。

● 読み込み時に「文字起こし」を実行

「文字起こし」は、素材の動画データを読み込むときに「文字起こし」を有効にすることで読み込みと同時に文字起こしができます。

[1] 文字起こししながら読み込む

サンプルデータの「Moji」→「文字起こし.mp4」を読み込む際に、「文字起こし」を有効にします。

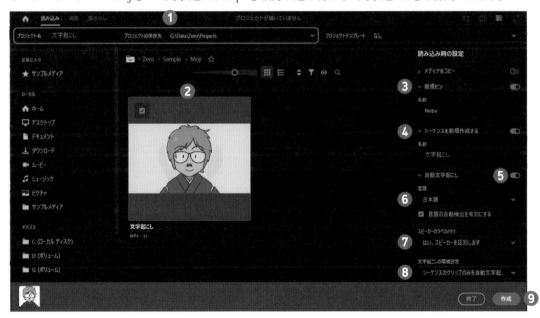

❶ プロジェクト名、保存先を設定

❷ サンプルデータを選択

❸ 「新規ビン」を有効にして名前を設定

❹ シーケンスの作成を有効にして名前を設定

❺ 「自動文字起こし」をオンにする

❻ 「日本語」を選択

❼ 複数人で会話している場合は、区別できるように「はい、スピーカーを区別します」を選択

❽ シーケンスのクリップだけ文字起こしされるように選択

❾ 「作成」をクリック

TIPS

通常は、読み込み時に「文字起こし」を無効にし、トラックにクリップを配置してから「テキスト」パネルで「文字起こしからキャプションを作成」を実行した方が、必要なクリップだけを文字起こしできます。

③ キャプションを作成

編集画面が表示された時点で、文字起こしは終了しています。そのまま「テキスト」パネルの「文字起こしからキャプションを作成」をクリックします。なお、文字起こししたテキストは、「文字起こし」タブで確認できます。

❶「文字起こし」タブでテキストが確認できる（文字修正可能）
❷「キャプション」をクリック
❸「文字起こしからキャプションを作成」をクリック
❹「キャプションの作成」をクリック

↓

③ キャプションが作成・表示される

テキストからキャプションが作成され、シーケンスにはキャプション用のトラックが設定されます。「プログラム」モニターには、テキストが会話のタイミングに合わせて表示されます。なお、テキストは、ワークスペースを「キャプションとグラフィック」に切り替え、キャプションを選択してフォント変更、文字修正などができます。

❶ キャプショントラックが作成、表示されるので、キャプションを選択

❷ テキストが表示される

❸ ワークスペースを切り替える

❹ テキストの修正が可能

❺ テキストのデザインをカスタマイズ

キャプショントラックを「グラフィックにアップグレード」する

文字起こし機能で作成されたキャプショントラックは、ビデオトラック、オーディオトラックとは別の単独のトラックとして存在しています。したがって、作成されたテキストのクリップも、このトラック内でしか利用できません。
テキスト自体は、キャプショントラックにあるテキストクリップをダブルクリックすれば、エッセンシャルグラフィックスでデザインカスタマイズできますが、ビデオトラックのテキストと同じようには扱えません。そこで、キャプショントラックのクリップを「グラフィックにアップグレード」を適用すると、通常のテキストクリップとしてビデオトラックに配し、利用できるようになります。

❶ テキストクリップをすべて選択する

↓

❷ メニューバーから「グラフィックとタイトル」→「キャプションをグラフィックにアップグレード」をクリック

↓

❸ ビデオトラックに配置される

Chapter 9

オーディオを編集する

クリップの音量を均一にする

複数の動画データをクリップとしてシーケンスに配置した場合、気になるのがクリップごとの音量の違いです。これを均一に揃える簡単な方法があります。

●「エッセンシャルサウンド」を利用する

　複数のクリップを並べて再生したとき、気になるのがクリップごとに音量が異なること。小さな音のクリップ、大きな音のクリップが混在していると、動画が見づらいですよね。こうしたクリップごとの音量を均一に揃える作業を「ノーマライズ」といいます。ただし、ノーマライズは設定が難しく、音量の単位である「dB（デシベル）」についても理解しておく必要があります。

　そこで、クリップごとにバラバラの音量を、「エッセンシャルサウンド」を利用して簡単に均一に揃えてみましょう。「エッセンシャルサウンド」を利用すると、小さい音に合わせて、大きな音を調整してくれます。

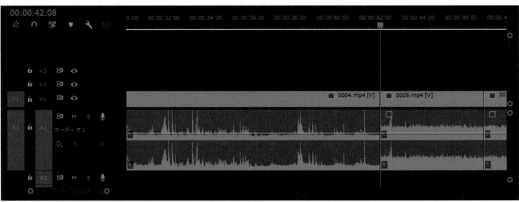

ノーマライズ前

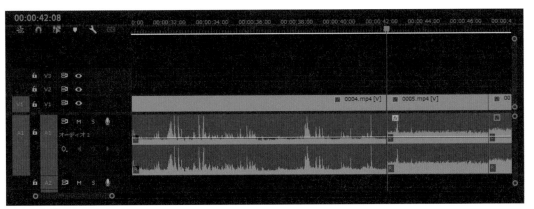

ノーマライズ後

1 ワークスペースを切り替える

ワークスペースを「編集」から「オーディオ」に切り替えます。

1 クリック

2 「オーディオ」をクリック

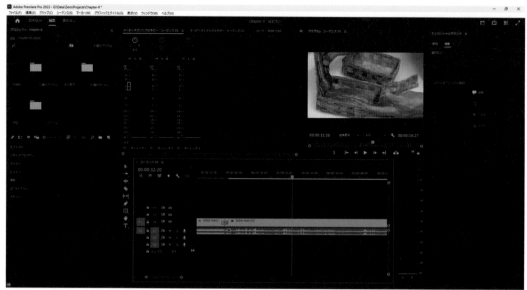

・「オーディオ」ワークスペース

② ¥ キーを押す

キーボードの ¥ を押すと、シーケンスの幅の中に、プロジェクト全体が縮小して表示されます。

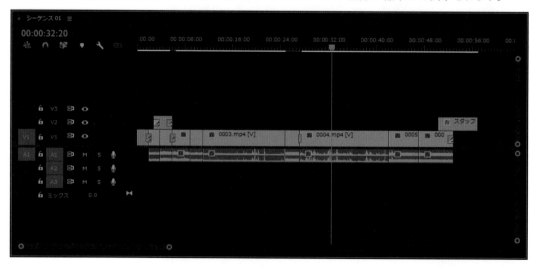

③ クリップを選択する

音量調整をしたいクリップを選択します。全体を調整したい場合は、画面のようにドラッグして全部を
選択します。

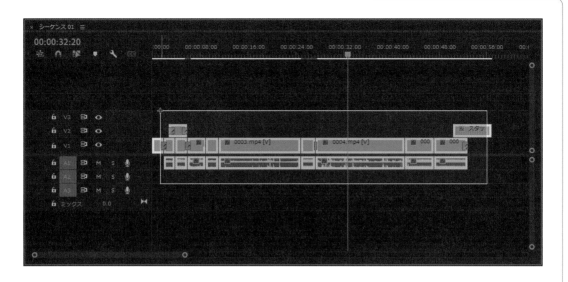

4 「ラウドネス」を表示する

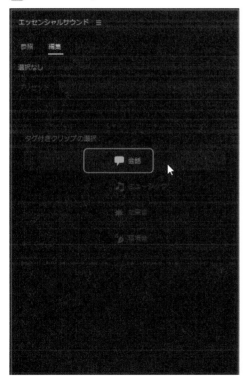

ワークスペースの右に「エッセンシャルサウンド」パネルがあります。ここの「会話」をクリックして設定パネルを開き、「ラウドネス」をクリックします。

・「会話」をクリック

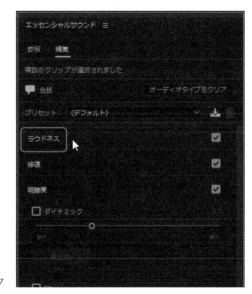

・「ラウドネス」をクリック

217

「ラウドネス」

「ラウドネス」は音楽業界の専門用語で、「音量を示す指標」のことです。といわれても、サッパリわかりませんよね。簡単にいえば、「聞きやすい音量に調整する」と思ってください。説明を始めると、それだけで1冊の本が書けてしまいますので。

[5] 「自動一致」をクリックする

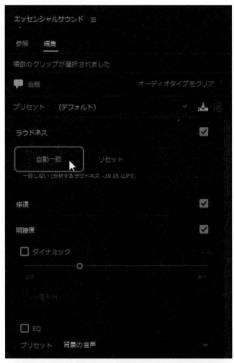

「自動一致」ボタンをクリックします。クリックすると、大きな音量のクリップが小さい音量のクリップを基準として、自動的に音量調整されます。

・「自動一致」をクリック

↘

ノーマライズ前

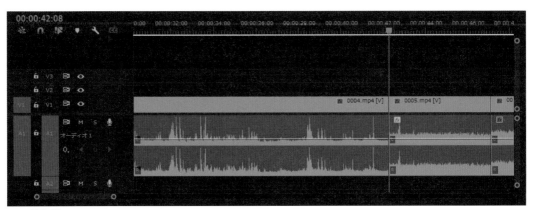

ノーマライズ後

「 fx 」バッヂの色が変わる

トラックに配置したクリップに対してエフェクトを設定すると、トラックにあるファイル名先頭の「fx」という小さなアイコンの色が変わります。これは、クリップに対してエフェクトを設定したという印で、ビデオエフェクトなどを設定しても色が変わります。これによって、エフェクトが設定されているかいないかを確認できます。なお、表示される色は、どのようなエフェクト設定しているかによって変わります。

エフェクト設定前

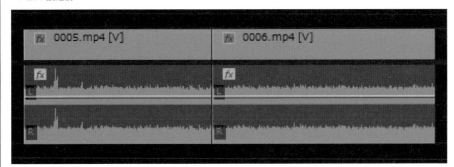

エフェクト設定後

BGMデータの取り込み

オーディオと映像は、車でいえば両輪のようなもの。動画のイメージはBGMによってまったく違ったものになります。まず、BGMデータを準備しましょう。

● BGMデータを入手する

　動画にBGMを設定すると、ある意味、別の動画に変えることができます。それだけBGMは重要な要素を持っているので、しっかりと映像のイメージを活かすBGMを見つけてください。なお楽曲などをBGMをして利用する場合は、著作権にも注意してください。

　BGMの入手方法としては、ネットで「BGM　フリー」といったキーワードで検索すれば、さまざまなサイトからデータを見つけることができます。「フリー」というのは、「無料で入手できる」ということです。

　YouTubeなどの動画でよく利用されているのが、「DOVA-SYNDROME」や「甘茶の音楽工房」といった音楽の配信サイトのようです。

「DOVA-SYNDROME」
（https://dova-s.jp/）

「甘茶の音楽」

(https://amachamusic.chagasi.com/index.html)

WEB、動画、ゲーム、イベントに使えるフリー音楽素材・BGM素材が500点以上！フリー無料のBGM素材・音楽素材「甘茶の音楽工房」

甘茶の音楽工房

メニュー	すべて無料！WEB、動画、ゲーム、イベントに使えるフリー音楽素材が500点！	サイト内検索
トップ		
利用規約		
サイト概要		
掲示板		こちらのサイトも運営しています

イメージから音楽素材を探す

明るい
コミカル
おしゃれ
ほのぼの
癒し
幻想的
しみじみ
悲しい
暗い
シリアス
不気味
怪しい

フリーBGM素材「甘茶の音楽工房」へようこそ！

甘茶の音楽工房では管理人の甘茶が趣味で制作した音楽をフリー素材として配布しています。アコースティックからエレクトロまで、色々なタイプの音楽素材を無料配布しています。公開中の音楽素材は、WEB、動画、ゲーム、イベントなどに、すべて無料でご利用いただけます。商用・非商用問わずご利用可能ですので、是非、色々な分野でご利用下さい。

新着音楽素材

▼2019/09/12

夢
▶ 試聴
2019.09 | 幻想的 | ピアノ | 2分37秒/2.40 MB
⬇ ダウンロード

MEMO

「おにぎり」は、ショートムービーとしてYouTubeで公開しています。この公開バージョンは、本書サンプルのBGMとは違います。BGMデータを二次利用できないため、公開バージョンでのみ利用いたしました。なお、今回YouTubeの「おにぎり」で利用したBGMは、OVA-SYNDROMEから、「すもち」さんの「Serene」を利用させて頂きました。

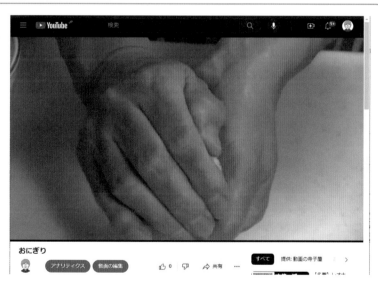

(https://www.youtube.com/watch?v=jT3GQ2MifHI)

著作権には注意する

フリーのBGMに限らず、BGMデータ、楽曲データを利用する場合には、著作権に十分注意してください。ほとんどのデータには、著作権があるものと考えた方がよいでしょう。

たとえば、お気に入りのアーティストの楽曲を動画に利用すると、ほとんどの場合が著作権侵害の罪になります。アーティストの楽曲はほとんどすべてが著作権で保護され、無断で動画等に利用することを禁じています。

また、フリーのBGMでも、作成した動画などを販売するという商用利用や、データ素材をそのまま添付して配布する二次利用などを禁じています。なお、本書のサンプルにはBGMデータが含まれていますが、これは二次利用を許可されたデータです。

こうしたデータを利用する場合は、利用規約や注意事項をよく確認してください。

Section 9-3

BGMの配置と音量調整

BGMなどのオーディオデータは、「A」トラックとあるオーディオトラックに配置して利用します。ここでは、オーディオデータの配置と音量調整について解説します。

● BGMデータの取り込み

BGMのデータをPremiere Proに取り込みます。取り込んだデータは、BGM用のビン(フォルダー)に保存します。

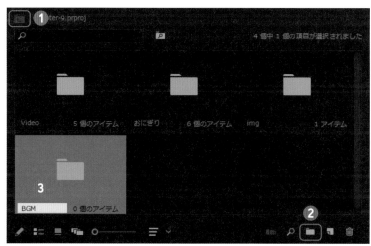

1 BGM用のビンを作成する

BGM用のビンを「プロジェクト」パネルのルートに作成します。作成したビンの中は、もちろん空です。

1 クリックしてルートに戻る
2 「新規ビン」をクリック
3 ビン名を「BGM」に変更

↓

・ビンの中は空

9
オーディオを編集する

② BGM データを取り込む

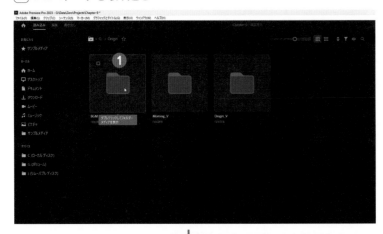

動画データと同様に、「読み込み」画面に切り替え、BGMデータが保存されているフォルダーからBGMデータを選択します。選択したBGMデータを取り込む設定に注意してください。

❶ BGMが保存されているフォルダーを開く

❷ BGMデーターを選択

❸ 「新規ビン」はオフにする
❹ 「シーケンスを新規作成する」はオフにする
❺ 「読み込み」をクリック

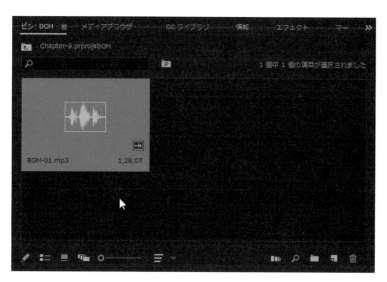

・ビンにデータが読み込まれる

● オーディオトラックに配置する

取り込んだBGMデータを、トラックに配置します。

① オーディオトラックに配置する

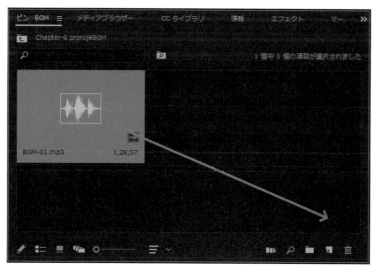

ビンに取り込んだBGMデータは、ドラッグ＆ドロップでシーケンスのオーディオトラックに配置します。画面では、「A2」トラックにドラッグ＆ドロップしています。

9
オーディオを編集する

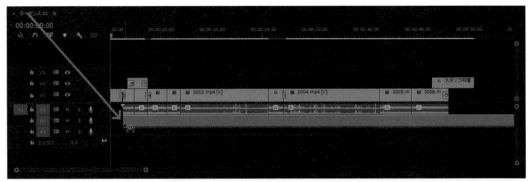

・ドラッグ＆ドロップする

↓

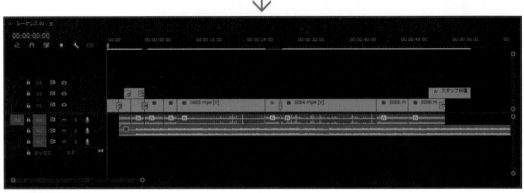

・配置されたBGM

オーディオ部分だけを削除する

ビデオクリップで音声部分が不要な場合は、これを削除できます。Alt キー（Mac: Option キー）を押しながら、不要なオーディオ部分をクリックしてください。オーディオ部分だけが選択されるので、Delete キーを押して削除します。なお複数の範囲を選択したい場合は、Alt キーを押しながらドラッグで範囲指定します。

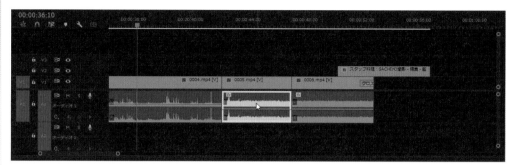

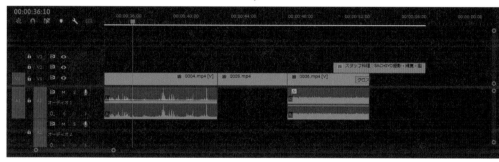

9
オーディオを編集する

音量を調整する

BGMだけでなく、ビデオクリップの音声部分も、必要に応じて音量調整を行ってください。ここでは、BGMの音量調整を例に解説します。

● ラバーバンドで音量調整する

　シーケンスに配置したBGM用オーディオクリップの音量調整を簡単に行う方法が、ラバーバンド(ゴムひも)を利用した方法です。BGMに限らず、ビデオクリップの音声部分の音量調整も同じです。

☐1 トラックの高さを調整

ラバーバンドが利用しやすいように、トラックの高さを広くします。操作は、トラックヘッダーで行います。

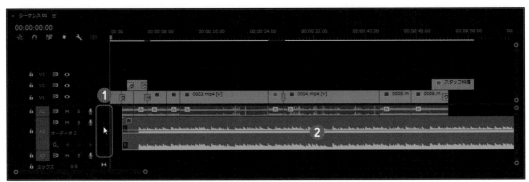

❶ 何もないところをダブルクリック

❷ トラックの高さが広がる

 POINT もう一度ダブルクリックすると、元に戻ります。

☐2 ラバーバンドの種類を選択

ラバーバンドには3種類あるので、音量調整用の「ボリューム」にある「レベル」を表示します。

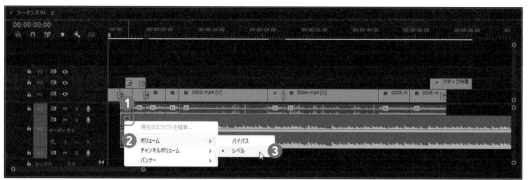

❶「fx」を右クリック

❷「ボリューム」をクリック

❸「レベル」をクリック

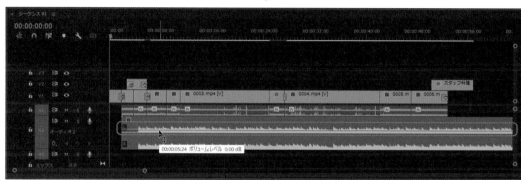

・「レベル」のラバーバンド

3 音量を上げる

音量を上げる場合は、ラバーバンドを上にドラッグします。ラバーバンドにマウスを合わせると、マウスが黒い矢印に変わります。この状態で操作します。

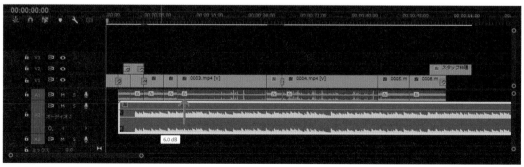

・上にドラッグ

9

オーディオを編集する

④ 音量を下げる

音量を下げる場合は、ラバーバンドを下にドラッグします。BGMとして利用する場合は、もちろんオーディオデータと映像との関係にもよりますが、-20dB 〜 -30dB位がよいようです、

・下にドラッグ

MEMO

「dB」について

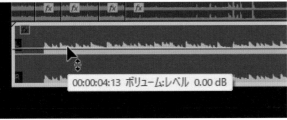

もの音量の大きさを0dBとする

「dB」は「デシベル」と読み、オーディオで音量や音圧のレベルを表す単位として利用しています。dBは「常用対数」と呼ばれる単位で、対象となるものとの比較した数値になります。

音量では、Premiere Proに取り込んだときのオーディオデータの元の音の大きさを「0dB」という基準値とし、それよりも大きい場合はプラス側、小さい場合はマイナス側の数値に設定します。

MEMO

音量調整の目安

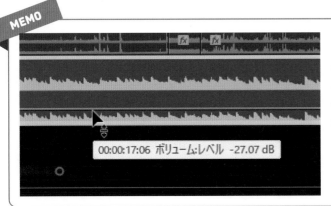

ラバーバンドをドラッグすると、音量をどれくらい変化させたか「dB（デシベル）」で表示されます。目安としては、+6dBで元の音量の2倍、-6dBで元の音量の1/2になります。

MEMO

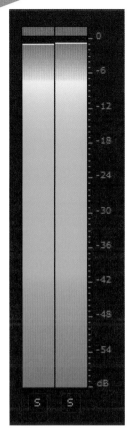

もう一つの0dB

音量調整には、もう一つの0dBがあります。それが「クリッピング」と呼ばれる0dBです。音量がクリッピングの0dBを超えると、「音割れ」といって音が歪んでしまいます。そのため、デジタル機器の音量調整では、この0dBを超えないように設定しなければなりません。

クリッピングの0dBは音量調整時の基準値である0dBとは異なります。Premiere Proの音量メーターにもクリッピングがあって、音量メーターの上に赤いランプがあります。これがクリッピングで、これが赤くならないように音量を調整します。目盛も「0」までしかありませんね。一般的には、-6db前後が聞きやすい音量だとされています。

何ともややこしい話しですね。

● オーディオトラックミキサーで音量調整する

ラバーバンドでは、クリップ単位での音量調整は可能ですが、トラック単位での調整には適しません。トラック単位での調整は、「オーディオトラックミキサー」を利用します。

① 「オーディオトラックミキサー」を表示
メニューバーから、「オーディオトラックミキサー」を選択して表示します。

① 「ウィンドウ」をクリック
② 「オーディオトラックミキサー」
　をクリック
③ 「<編集中のシーケンス名>」を
　クリック

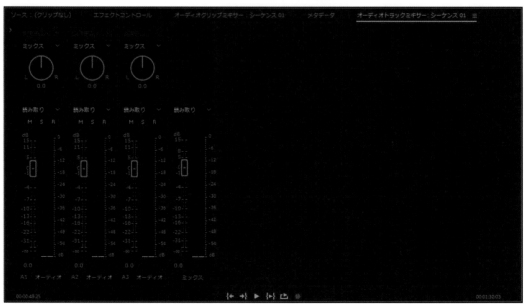

・「オーディオトラックミキサー」パネル

☑ トラックの音量調整

音量の調整は、プロジェクトを再生しながら、該当するトラックのフェーダー（ボリュームスライダー）を上下して調整します。たとえば、「A1」トラックに配置した複数クリップの音量をまとめて小さく調整してみましょう。

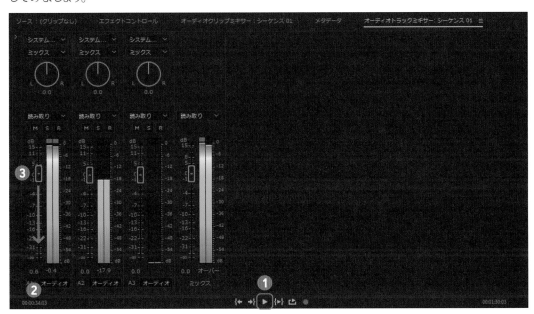

❶ クリックして再生開始

❷ 「A1」トラック

❸ フェーダーを下げる

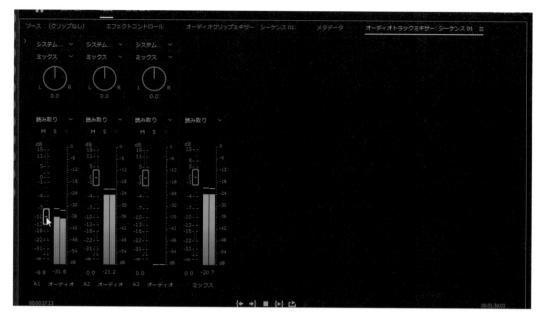

・音量が下がる

③ 全体の音量を調整する

ビデオクリップ、BGMなどすべてのトラックの音量をまとめて調整する場合は、「ミックス」のフェーダー
を調整します。

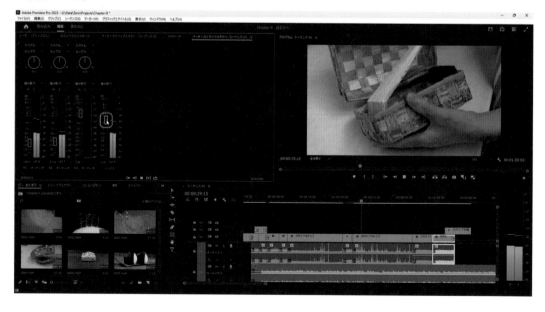

Section

9 - 5

BGM のトリミングとオーディオトランジション

オーディオクリップも、必要に応じてトリミング作業を行います。トリミングの基本は、映像と同じで、ドラッグによる操作になります。

● オーディオクリップのトリミング

シーケンスに配置したオーディオクリップのデュレーションが長い場合、トリミングによって調整します。

先頭のトリミング

BGMの先頭部分をトリミングしてみましょう。

1 無音部分をカットする

サンプルBGMの先頭には、音の無い部分があります。ここをトリミングで調整します。

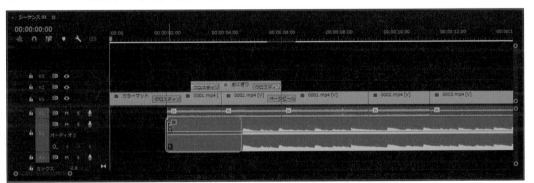

・音のない部分

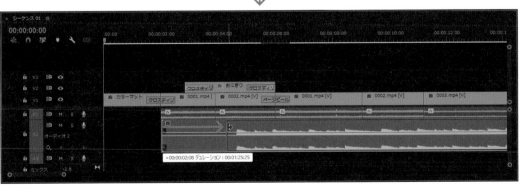

・先頭をドラッグ

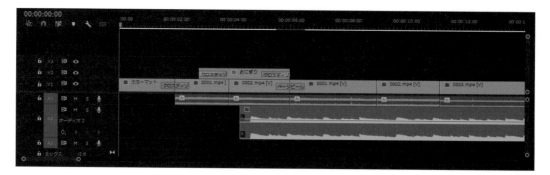

・先頭をトリミング

② 位置を合わせる

フェードインの途中からBGMを再生するために、配置位置を調整する

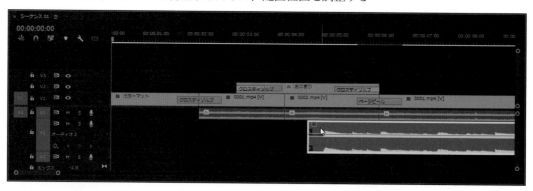

後尾のトリミング

BGMの後尾部分をトリミングしてみましょう。

① 後尾をドラッグ

BGMクリップの後尾をドラッグしてトリミングします。

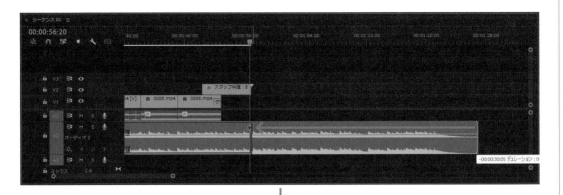

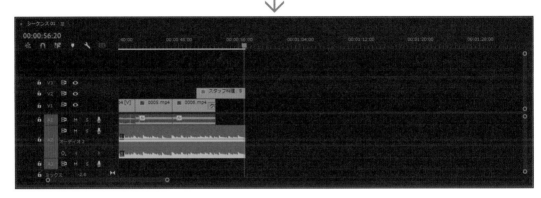

トランジションを設定する

　BGMをトリミングすると、トリミングしたところで急に曲が終わってしまいます。そこで、徐々にフェードアウトするように「オーディオトランジション」をトリミング位置に設定します。

① トランジションを見つける

「エフェクト」パネルから、オーディオトランジションを表示します。

① 「エフェクト」をクリック

② 「オーディオトランジション」をクリック

③ 「クロスフェード」をクリック

④ 「コンスタントパワー」を利用

「コンスタントパワー」と「コンスタントゲイン」

オーディオトランジションの「コンスタントパワー」と「コンスタントゲイン」には、次にような違いがあります。
- コンスタントパワー：曲線的にフェードイン、フェードアウトする
- コンスタントゲイン：直線的にフェードイン、フェードアウトする

② 末尾に配置

オーディオトランジションの「コンスタントパワー」を、BGMクリップの末尾に配置します。

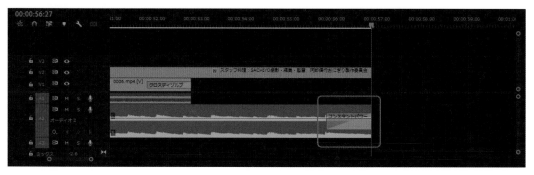

・末尾に配置

同じオーディオトランジションをクリップの先頭に配置すると、フェードインが演出されます。

MEMO

リミックスで設定する

　Premiere Proには「リミックス」という機能が搭載されています。BGMをトリミングすると、たとえばイントロ部分が切れたり、エンディング部分のない曲になったりします。しかし、「リミックス」を利用すると、BGMをAIが分析し、指定したデュレーションにイントロ、メイン、エンディングなど曲のイメージを壊さずに途中をトリミングしてくれます。操作も簡単です。

① 「リミックス」を選ぶ
ツールパネルから「リミックス」を選択します。

❶ 長押しする
❷ 「リミックスツール」を選択する

② 末尾をトリミング
マウスが音符の形に変わるので、BGMクリップの末尾をドラッグしてトリミングします。

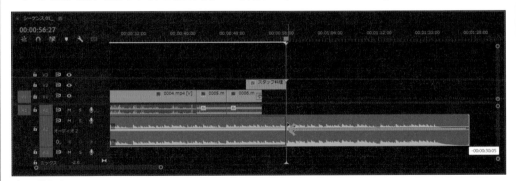

ドラッグする

③ リミックス完了

リミックスを実行すると、AIが曲を分析し、違和感なく途中をカット。曲のイメージを残してトリミングできます。
途中カットされた部分は、波線が表示されています。

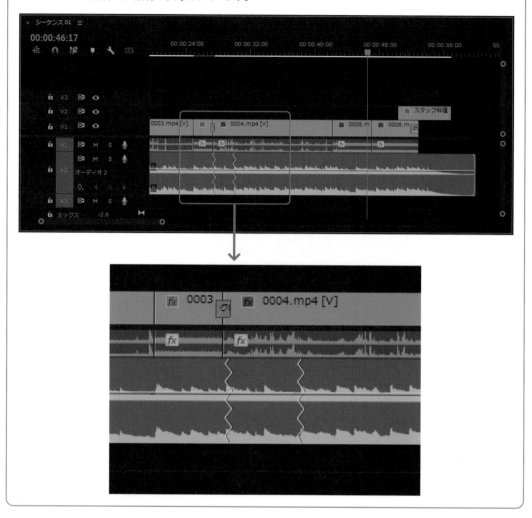

Chapter 10

映像の出力と公開

10 - 1 「クイック書き出し」でスピーディに出力

編集を終えたプロジェクトは、動画ファイルとして出力します。出力設定は面倒ですが、「クイック出力」を利用すると、最速2クリックで動画ファイルを出力できます。

● とにかく動画ファイルを出力したい

シーケンスでの編集を終えたプロジェクトは動画ファイルとして出力します。このとき、通常であれば「書き出し」画面に切り替えて出力するのですが、いろいろ書き出し設定を行う必要があります。

しかし、とにかく早急に出力したい、あるいは出力設定が面倒という場合もあります。そのようなときに利用したいのが、「クイック書き出し」です。これを利用すると、何も設定しなくとも、最短2回クリックするだけで動画ファイルを出力できます。

2クリックで出力

では、実際に2クリックでプロジェクトを出力してみましょう。

1 「クイック書き出し」をクリックする

シーケンスでの編集を終えたら、「編集」画面の右上にある「クイック書き出し」をクリックします。これでワンクリック。

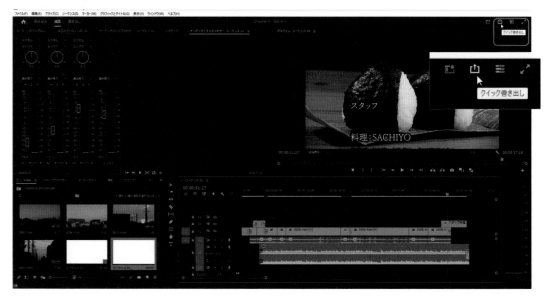

・「クイック書き出し」をクリック

2 「書き出し」をクリックする

メニュー画面が表示される
ので、「書き出し」をクリック
します。これで2クリック。
動画ファイルが出力されま
す。

・「書き出し」をクリック

3 動画ファイルが出力される

「エンコード中」というダイアログボックスが表
示され、動画ファイルが出力されます。出力
が成功すると、画面下のステータスバー右側
に書き出し成功のメッセージが表示されます。

・エンコード中の表示

・書き出し成功のメッセージ

4 出力された動画を確認

動画ファイルが出力されるので、これを確認します。

シーケンス 01

↓

・出力された動画ファイル

・再生

ファイルのファイル名と場所

　「クイック書き出し」では、このように何も設定せずに2クリックで出力できます。さらに、ファイル名や出力先を指定することもできます。クイック書き出しは、デフォルトではシーケンス名が動画ファイル名に適用され、出力先はプロジェクトファイルと同じ保存先になります。

　・デフォルトのファイル名：シーケンス名
　・デフォルトの出力先：プロジェクトファイルと同じ場所

　これを任意のファイル名、出力場所に変更したい場合は、「ファイル名と場所」の青い表示をクリックして変更します。

❶ クリック

❷ 出力先を変更

❸ ファイル名を
変更

❹ 「保存」をクリック

・ファイル名と出力先が変更される

10

映像の出力と公開

245

プリセットの選択

「クイック書き出し」では、最も画質のよいMP4形式の動画ファイルとして出力されるようにデフォルトで設定されています。このプリセットは変更できますが、問題がなければ、このままの利用をおすすめします。

┌───┐
│　　　　　　　　【デフォルトでの設定】
│・プリセット名：　Match Source - Adaptive High Bitrate
│・コーデック：　　H.264
│・フレームサイズ：1920×1080
│・音声：　　　　　ステレオ
└───┘

❶ プリセットの名前
❷ プリセットの設定内容
❸ クリック

・利用したいプリセットを選択

246

10 - 2 「書き出し」画面からMP4形式で出力する

動画ファイルを出力する場合の最大のポイントは、「高画質で出力する」ということです。
高画質出力のポイントおよび、「書き出し」画面からの出力について解説します。

●「書き出し」画面について

ワークスペース左上の「書き出し」をクリックすると、プロジェクトを出力するための設定画面が表示されます。ザックリと説明すると、次のようなパネルで構成されています。

①ソース：出力先を選択するパネル

②設定：出力するファイルの詳細な設定を行う

③プレビュー：出力する動画の内容確認と、出力する範囲を指定できる

④概要：素材の設定内容と出力されるファイルの設定内容を確認できる

⑤Media Encoderに送信：設定内容をMedia Encoderに送る

⑥書き出し：Premiere Proから書き出しを実行する

●動画ファイル出力時のポイント

動画ファイルを出力する場合は、次の1点を重視してください。

高画質で出力する!

これにはちゃんとした理由があります。出力された動画ファイルを再利用する場合、次のような決まりがあります。

・ダウンコンバートができる
・アップコンバートはできない

要するに、「出力した動画ファイルより画質を落とすことはできるが、画質を上げることはできない」ということです。したがって、動画ファイルを出力する場合は、最も高画質で出力しておけば、いろいろ利用できて便利というわけです。では、「高画質」とはどのような意味なのでしょう。

●「高画質な動画ファイル」ってどんなファイル?

高画質な動画ファイルというのは、次のようなファイルを指しています。

素材元の動画ファイルと同じか、同等のファイル形式

この意味は、元の素材ファイルと同じ画質では出力できるが、素材よりも高画質には出力できないということです。

高画質なMP4形式で出力する場合の設定内容

たとえば、ハイビジョン形式で撮影した動画を編集し、SNSなどで標準的に利用される高画質なMP4形式で出力する場合、次のような設定になります。

◎**素材側の表示**

◎出力側の表示

① フレームサイズが同じ

② フレームレートが同じ

③ 音質が同じ

④ ステレオタイプ

この場合、番号を付記した部分が同じですね。これはほぼ同等の画質ということなのです。「同等」というのはどのようなことかというと、MP4形式の動画データはテレビでも表示できる形式に変換されているため、そうした点が異なるということです。

● コーデックについて

　動画ファイルの出力では、コーデックとファイル形式について理解しておくことが重要です。最初に、コーデックについて解説しましょう。

　Premiere Proで編集したプロジェクトは、出力時に必ず「圧縮」という処理が行われます。映像データも音声データも、Premiere Proで編集した状態のままで出力すると、とても大きなファイルサイズになってしまうのです。そのため、出力時には、必ず圧縮を行うのです。このときの圧縮作業を「エンコード」といい、圧縮するためのプログラムを「エンコーダー」と呼びます。逆に、圧縮したデータを元に戻すことを「デコード」といい、そのためのプログラムを「デコーダー」と呼びます。
エンコード、デコードする際のプログラムのアルゴリズムをコーデックといいます。

　　・エンコード：映像や音声を圧縮する処理のこと

　　・エンコーダー：圧縮を行うためのプログラム

　コーデックにはさまざまなタイプがありますが、Webで利用される動画の場合、ほとんどが「H.264（えいち・どっと・にいろくよん）」と呼ばれるコーデックが利用されています。これは映像データの圧縮用で、音声データの圧縮には、「AAC（Advanced Audio Coding：えー・えー・しー）」というコーデックが利用されます。

　これを図で見てみましょう。こんな感じで、編集したプロジェクトは、映像データと音声データが、それぞれ圧縮されます。こうして、動画データとして出力されます。

10

映像の出力と公開

Premiere Pro で編集

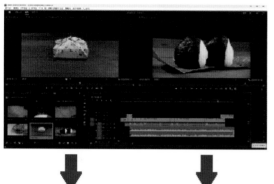

音声を圧縮
AAC など

映像を圧縮
H.264 など

音声データ

映像データ

● ファイル形式について

　ところで、先の図を見るとわかるのですが、映像と音声の2つのデータがあります。でも、素材の動画ファイルって、映像と音声は分かれておらず、1つのファイルです。これはどうゆう事なのでしょう？

　動画ファイルの形式には、たとえば「MP4」形式などがあります。これは、実はデータそのものではなくて、「データの入れ物」なのです。これを「コンテナファイル」といいます。名前からわかるとおり、データを入れて運ぶものですね。これも図で見てみましょう。

音声データ　　　　　映像データ

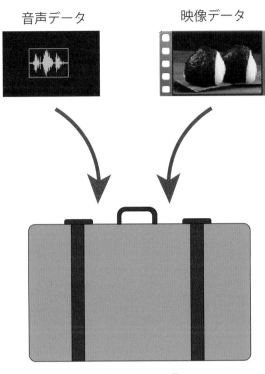

ファイル形式
（コンテナファイル）

現在、Webで主流のMP4形式ですが、このコンテナファイルには、入れることができるサポートデータは数種類あり、次もその1つです。

◎ MP4形式のコンテナに入れられるサポートデータ

・映像データ：H.264、H.265 などで圧縮された映像データ

・音声データ：AAC、MP3 などで圧縮された音声データ

・ファイル形式：拡張子が「.mp4」のMP4形式

MP4形式には、こうした特徴があるのです。したがって、出力時の設定でコーデックにH.264を選ぶと、MP4形式の動画ファイルが出力されるのです。

10

映像の出力と公開

だから、映像と音声が配置される

ファイル形式は、映像と音声を入れて運ぶコンテナファイルだとわかりましたね。ですから、Premiere Proのシーケンスに動画ファイルをドラッグ＆ドロップすると、トラックには映像と音声がそれぞれ配置されるのです。

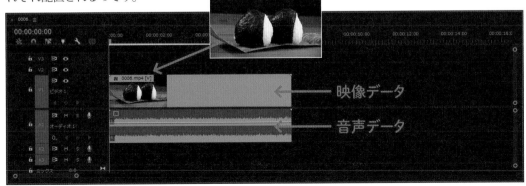

映像データ

音声データ

MP4形式で出力する場合の手順

　ここでは、編集を終えた「おにぎり」を、「書き出し」画面からMP4形式の動画ファイルとして出力してみましょう。

⓵「書き出し」をクリックする

「編集」画面で出力したいシーケンスを選択し「書き出し」画面に切り替えます。

❶ シーケンスをクリック

❷ 「書き出し」をクリック

⓶ 出力先を選択する

PCのハードディスク上に動画ファイルとして出力したい場合は、「メディアファイル」が「オン」なのを確認します。

③ ファイル名を設定

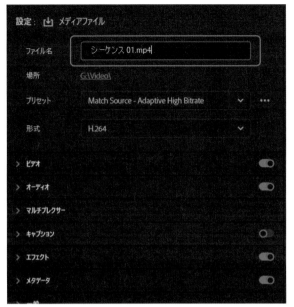

「設定：」の「ファイル名」右のテキストボックスにファイル名を入力します。デフォルトでは、シーケンス名が設定されています。

・ Back Space キーなどで削除

↓

・新しい名前を入力する

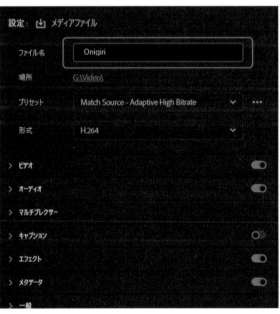

 POINT　拡張子は自動的に設定されます。

4 保存場所を確認・変更する

出力される動画ファイルの保存場所を設定します。デフォルトではプロジェクトファイルと同じ場所が設定されていますが、変更したい場合は、青い表示をクリックして変更します。

❶ クリックする

↓

❷ 保存場所を選択

❸ 「保存」をクリック

⑤ プリセットを選択する

プリセットとして「Match Source - Adaptive High Bitrate」が選ばれていれば、高画質なMP4形式で出力できるので、このままでOK。変更する場合は、∨ をクリックして選択します。

POINT

4Kで出力したい

プロジェクトを4Kの動画ファイルとして出力したい場合は、プリセットの「高品質 2160p 4K」を選び、出力します。

⑥「形式」でエンコーダーを選ぶ

H.264 以外のエンコーダーを利用したい場合は、「プリセット」の右にある ✔ をクリックして、表示されたメニューから選択します。

⑦ 出力設定を確認する

プレビューでは、書き出す範囲を確認し、さらにその下の「出力」で、出力の設定内容を確認します。

❶ 範囲：「ソース全体」になっていることを確認

❷「出力」の内容を確認

⑧「書き出し」をクリックする

設定内容を確認したら、「書き出し」をクリックしてください。動画ファイルの出力が開始されます。

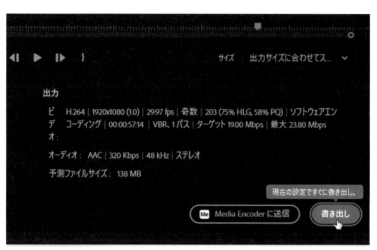

・「書き出し」をクリック

↓

・エンコードが開始される

↓

・終了メッセージが表示される

↓

・出力された動画ファイル

POINT データの出力中は、Premiere Proでの編集作業が一切できません。出力作業中でも編集を行いたい場合は、このあとで解説している「Media Encoder」を利用してください。

● 次世代コーデック「H.265」

H.264の後継として開発されたコーデックが「H.265」です。「HEVC」(High Efficiency Video Coding)とも呼ばれ、次世代コーデックとして注目されています。その理由が、次の特徴です。

◎ H.265の特徴

H.264よりも圧縮率が高く、しかも画質がよい。

この特徴から注目され、現在のMacでは、標準コーデックとして搭載されています。もちろん、Premiere Proもサポートしています。ただし、原稿執筆時(2023年10月)ではWindows 11には未搭載で、オプション扱い(有料)になっています。そのため、WindowsでH.265で圧縮された動画を再生するには、別途H.265を購入する必要があります。

Windowsで再生できないだけであって、Macでは再生できますし、WindowsのPremiere ProからH.265で出力しYouTubeにアップロードすれば、Windowsでも見ることはできます。

H.265で出力する場合は「設定：」の「形式」で、「HEVC(H.265)」を選択すれば出力できます。

シーケンス 01

H.265で出力した動画ファイル
（Windows）

原稿執筆時でのWindowsで
は再生できない
（※原稿の執筆は、2023年
10月）

10

映像の出力と公開

Media Encoderで出力する

Premiere Proから出力作業を実行すると、出力作業中は編集作業ができなくなります。
そこで、出力は専用のプログラム「Media Encoder」に任せてしまいましょう。

● Media Encoderから出力する

　Premiere Proから「書き出し」を実行すると、書き出し作業中は編集作業ができなくなります。そこで、出力作業中も編集を行いたい場合は、動画ファイル出力専用のプログラム「Media Encoder」を利用します。Media Encoderは、Premiere Proをインストールすると自動的にインストールされます。

　では、早速Media Encoderを利用して出力してみましょう。出力直前までは、Premiere Proから出力する方法と変わりません。

[1]「Media Encoderに送信」をクリック

「書き出し」画面での設定ができたら、「Media Encoderに送信」をクリックします。

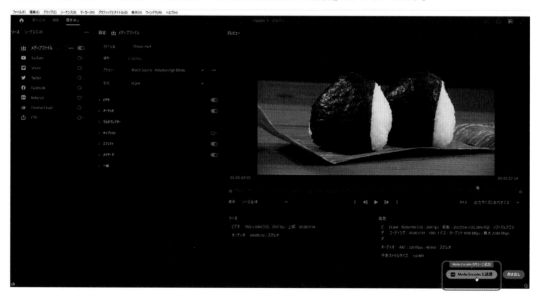

[2] Media Encoderが起動する

メディアエンコーダーが起動し、設定した内容が転送されて「キュー」パネルに登録されます。

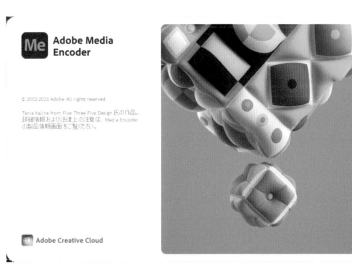

Media Encoder が起動

・転送された設定

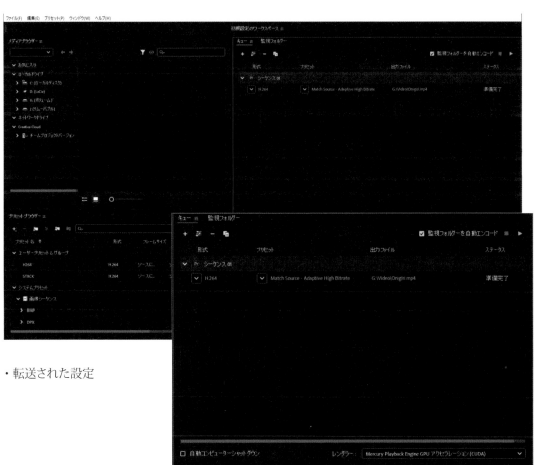

③ 「キューを開始」をクリック

「キュー」パネルにある緑色の
「キューを開始」をクリック
すると、出力処理のエンコー
ディングが開始されます。

・「キューを開始」をクリック

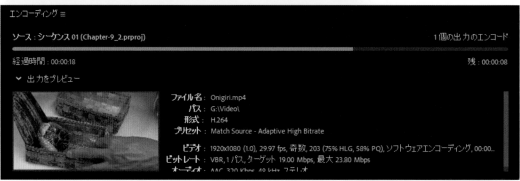

・エンコーディングが開始される

④ エンコーディングが終了

動画ファイルが出力されると、「完了」と表示されます。

・出力が完了

10
映像の出力と公開

複数ファイルの出力が可能

複数のシーケンスを編集している場合、シーケンスごとに Media Encoder に出力設定を転送すると、順番にデータを出力できます。

① 出力が終了
② 出力中
③ 出力を待機中

YouTubeで公開する

編集を終えたプロジェクトを、Premiere ProからダイレクトにYouTubeなどにアップロード&公開できます。ここでは、YouTubeを例に操作手順を解説します。

● YouTubeにアップロード&公開する

　自分の作品をYouTubeで公開したい場合、「書き出し」画面からダイレクトにアップロードして公開できます。

出力設定
　出力する動画ファイルの形式を設定します。

[1] アップロード先をオンにする

YouTubeにアップロードしたい場合は、「YouTube」をオンにします。

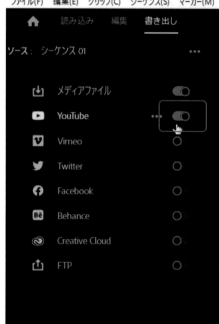

・オンにする

> **POINT**
>
> 「メディアファイル」はオン、オフどちらでもOKです。オンの場合、アップロードする動画と同じ動画ファイルがPCに出力されます。

② ファイル名を設定する

アップロードするファイル名を入力します。

③「形式」を選択する

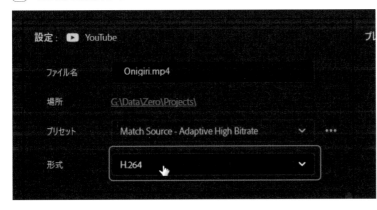

「形式」は「H.264」や「H.265」がおすすめです。4Kデータを編集する場合でも同じです。

・「H.264」を選択

YouTubeへのサインインと公開情報の設定

　アップロードを実行する前に、YouTubeにサインインします。サインインできたら、公開に必要な情報を設定します。

①「サインイン」をクリック

「パブリッシュ１」の青い「サインイン」をクリックして、YouTubeにサインインします。なお、ユーザの利用状況によって表示される画面内容が異なるので、各自の表示に応じて対応してください。途中、Media Encoderとの連携が求められますので、「続行」をクリックしてください。Premiere Proで「サインアウト」と表示されればサインインOKです。

・「サインイン」をクリック

・パスワードを入力する
・「次へ」をクリック

・「続行」をクリック

「2段階認証プロセス」が必要な場合は、携帯電話やスマートフォンに送られてくる認証番号を利用してログインしてください。

・サインインすると「サインアウト」と表示される

② 公開情報を入力する

YouTubeで公開するために必要な「タイトル」や「説明」、「タグ」などを設定します。なお、視聴ユーザーを限定する場合は、「プライバシー設定」で行ってください。

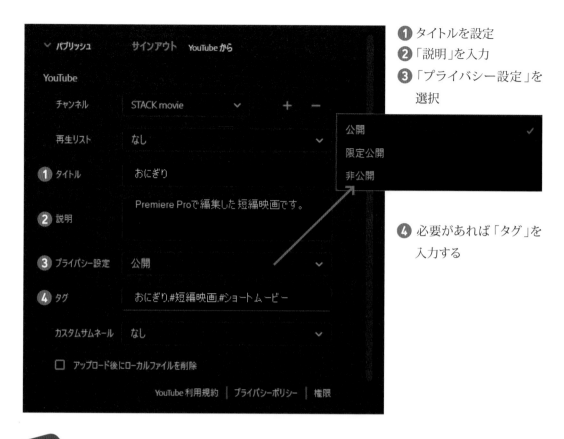

❶ タイトルを設定
❷ 「説明」を入力
❸ 「プライバシー設定」を
　 選択

❹ 必要があれば「タグ」を
　 入力する

 PCに出力した動画データが不要な場合は、「アップロード後にローカルファイルを削除」のチェックをオンにします。

3 アップロードを実行する

設定ができたら、「書き出し」をクリックします。以上でエンコード後、自動的にYouTubeにアップロードされます。

・「書き出し」をクリック

・エンコードが実行される

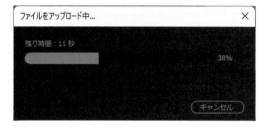

・アップロードが実行される

④ YouTubeで確認する

アップロードが終了したら、しばらくしてからYouTubeで確認します。

YouTubeで確認

索　引

■著者プロフィール

阿部 信行（あべ のぶゆき）
日本大学文理学部独文学科卒業
株式会社スタック代表取締役

肩書きは、自給自足ライター。主に書籍を中心に執筆活動を展開。
自著に必要な素材はできる限り自分で制作することから、自給自足ライターと自称。
原稿の執筆はもちろん、図版、イラストの作成、写真の撮影やレタッチ、
そして動画の撮影・ビデオ編集、アニメーション制作、さらにDTPも行う。
自給自足で養ったスキルは、書籍だけではなく、動画講座などさまざまなリアル講座、オンライン講座でお伝えしている。
YouTubeチャンネル「動画の寺子屋」の指南役。

●Webサイト
https://stack.co.jp

●最近の著書
『今すぐ使えるかんたん　Premiere Pro　やさしい入門』（技術評論社）
『Premiere Pro＆After Effects いますぐ作れる! ムービー制作の教科書 改定4版』（技術評論社）
『YouTuberのための動画編集逆引きレシピ DaVinci Resolve 18対応』（インプレス）
『Premiere Pro デジタル映像編集 パーフェクトマニュアル』（ソーテック社）

ゼロから学ぶ動画デザイン・編集実践講座

2023年11月30日 初版第1刷発行

著者	阿部 信行
装丁	米本 哲（米本デザイン）
DTP	米本 哲（米本デザイン）
発行者	山本正豊
発行所	株式会社ラトルズ
	〒115-0055 東京都北区赤羽西4丁目52番6号
	TEL 03-5901-0220（代表）　FAX 03-5901-0221
	https://www.rutles.co.jp/
印刷	株式会社ルナテック

ISBN978-4-89977-499-0
Copyright ©2023 Nobuyuki Abe
Printed in Japan